国外防护救生装备

田佳林　王雨飞　赵俊峰　编著

U0245814

北京航空航天大学出版社

内 容 简 介

本书在内容设置上突出了飞行人员和航空救生专业人员必须了解和掌握的国外防护救生装备知识。全书共分 6 章,系统、全面地对国外防护救生装备的发展历程进行了整理和归纳,尤其详细介绍了英国、美国、俄罗斯、瑞典等国家防护救生装备的发展历程,以及各种型号弹射座椅的性能指标、主要技术特点、装备机种和研发单位等内容,并配有相应的弹射装备图片和文字说明;紧密结合作战训练任务、装备、地理位置和季节,选取相关内容,突出训练重点。

本书主要供航空兵部队、飞行院校飞行人员和航空救生专业人员使用。

图书在版编目(CIP)数据

国外防护救生装备 / 田佳林,王雨飞,赵俊峰编著
. -- 北京 :北京航空航天大学出版社,2021.9
ISBN 978 - 7 - 5124 - 3572 - 8

Ⅰ. ①国… Ⅱ. ①田… ②王… ③赵… Ⅲ. ①救生设备 Ⅳ. ①X924.4

中国版本图书馆 CIP 数据核字(2021)第 148925 号

国外防护救生装备

田佳林 王雨飞 赵俊峰 编著

策划编辑 冯 颖 责任编辑 刘晓明

*

北京航空航天大学出版社出版发行

北京市海淀区学院路 37 号(邮编 100191) http://www.buaapress.com.cn
发行部电话:(010)82317024 传真:(010)82328026
读者信箱:goodtextbook@126.com 邮购电话:(010)82316936
北京九州迅驰传媒文化有限公司印装 各地书店经销

*

开本:787×1 092 1/16 印张:9 字数:242 千字
2021 年 9 月第 1 版 2021 年 9 月第 1 次印刷
ISBN 978 - 7 - 5124 - 3572 - 8 定价:39.00 元

前　言

防护救生装备是航空救生装备的重要组成部分,纵观其发展,它经历了从无到有,从单一到系统、从简单到完备的发展历程。英国、美国、俄罗斯、瑞典等国家在研发弹射跳伞救生装备方面起步早、发展时间长、产品多样、性能先进,值得我们学习和借鉴。目前,还鲜有相关著作系统归纳、介绍外军的防护救生装备。为了解决这个问题,我们在襄樊航宇公司的大力支持下,系统、全面地对国外防护救生装备进行了整理和归纳,详细介绍了英国、美国、俄罗斯、瑞典等国家防护救生装备的发展历程,各种型号弹射座椅的性能指标、主要技术特点、装备机种和研发单位等内容,并配有相应的弹射装备图片和文字说明。本书主要供航空兵部队、飞行院校飞行人员和航空救生专业人员使用。

本书在内容设置上突出了飞行人员和航空救生专业人员必须了解和掌握的国外防护救生装备知识,在章节上分为6章。第1章是国外弹射救生技术的回顾与展望;第2章是国外固定翼飞机弹射救生装备发展综述;第3章是国外新一代战机弹射救生装备;第4章是国外直升机和载人航天器弹射救生装备;第5章是国外飞行员先进个体防护装备;第6章是国外轻型飞机整机降落伞救生系统。本书在结构上保持了弹射跳伞救生理论知识和航空救生装备知识的系统性和完整性。

本书第1、2章由田佳林负责编写,第3、4章由赵俊峰负责编写,第5、6章由王雨飞负责编写。

本书的出版得到了空军航空大学机关的指导和帮助,得到了襄樊航宇公司给予的技术支持,在此表示诚挚的感谢。由于作者水平有限,书中难免存在不当之处,恳请读者批评指正。

作　者
2021 年 6 月

目　　录

第 1 章　国外弹射救生技术的回顾与展望

伴随着军机性能的提高,如何扩大弹射座椅的性能包线、解决不利姿态条件下的救生问题、延展座椅对飞行员的适用范围,一直是人们不断追求的目标,而新技术的出现为此创造了条件。

1.1　国外弹射救生技术的回顾

自 1783 年人类第一次实现气球载人飞行之后,便产生了航空应急救生问题。1903 年美国莱特兄弟首次实现了动力飞行以后,在飞机失事时如何挽救飞行员的生命,便提上了议事日程。法国于 1917 年首先把降落伞用于军用飞机。

第一次世界大战期间,约有 800 名气球观测员从失事的气球上跳伞获救。第二次世界大战中,降落伞已成为军用飞机必备的救生工具。随着飞机飞行速度的不断提高,只靠飞行员的体力爬出座舱跳伞逃生越来越困难。当飞机飞行速度达到 500 km/h 时,飞行员必须借助外力才能应急离机逃生。

第二次世界大战快要结束时,德国首先把弹射座椅用作军用飞机飞行员的救生工具。战后,弹射座椅在英国、美国、俄国、瑞典等国迅速发展,成为高速军用飞机必不可少的救生设备。据国外 2003 年统计数据,仅英国马丁·贝克一家公司,就累计生产了各种型号的弹射座椅约 69 000 台,挽救了 6 994 人的生命。

弹射救生技术从 20 世纪中期开始应用于军机,到目前为止,已经历了四个发展阶段。

第一代弹射座椅　弹射座椅发展的第一阶段是从 20 世纪 40 年代中期到 50 年代中期。这一时期的座椅为弹道式弹射座椅,即利用滑膛炮的原理把人和座椅作为“炮弹”射出飞机座舱,然后使人/椅分离打开救生伞。它主要解决了飞行员在高速条件下的应急离机问题。如英国的 MK1、MK5,苏联的米格-15、米格-17 飞机上的弹射座椅等。

英国的马丁·贝克飞机公司是这一时期的典型代表。该公司首先使弹射过程自动化。为了提高弹射机构离机的初始速度,研究人员研制了多级套筒或多弹式弹射机构,为挽救飞行员的生命做出了贡献。

在其他国家,如苏联的米高扬飞机设计局也设计出许多弹道式弹射座椅。如米格-21 飞机的带离式“CK”弹射座椅,利用弹射时座椅与座舱盖的扣合,使最高速度可达到 1 200 km/h。

第二代弹射座椅　弹射座椅发展的第二阶段是从 20 世纪 50 年代中期到 60 年代中期。这一时期的弹射座椅为火箭弹射座椅。它的主要特征是把火箭作为弹射座椅的第二级动力,在第一级动力弹射机构作用下把人/椅系统推出座舱后,再由火箭继续推动人/椅系统向上运动,使其具有更高的轨迹,以解决零高度-零速度时的弹射救生问题,并可以在更高的飞行速度(1 100 km/h)下应急弹射离机。

美国塔利(Talley)公司把弹射机构和火箭发动机组合在一起形成火箭弹射器,具有两级动力,体积小、重量轻,直到目前为止,它仍是美国弹射座椅(如 ACES Ⅱ)的主要动力装置。

英国马丁·贝克公司采用了另一种组合形式,把火箭发动机和弹射机构分开安装,弹射机构保持原来的位置和形式,而把火箭包设计成多管并列的扁平组合体,安装在椅盆下面,通称为椅下火箭包(简称为火箭包)。这种组合形式实现起来难度不大,目前是英国马丁·贝克公司弹射座椅的主要动力形式。

在这一时期,美国为了解决超声速弹射救生的问题,投入了大量的人力、物力,参加的公司也很多。例如,罗克韦尔国际公司研制的 X-15 敞开式弹射座椅,利用向前伸出的激波杆,把正冲波改为斜冲波,以减小作用于人/椅系统上的压力。其可在 33 600 m 高度、$Ma=4.0$ 以及在 0 高度、167 km/h 的平飞状态下安全救生。又如,美国洛克希德·马丁公司研制的 SR-71 弹射座椅曾在 23 774 m 的高空、$Ma>3.0$ 的条件下,拯救过飞行员。这种座椅在改装后曾用于美国“哥伦比亚”号航天飞机试飞员的应急救生设备。

另一类的超声速救生设备为密闭式弹射座椅和分离救生舱。其中以美国斯坦利航空航天公司为 B-58 轰炸机研制的密闭式弹射座椅最为成功,而分离救生舱以麦道公司研制的 F-111 分离救生舱最为成功。

F-111 救生舱不但具有零高度-零速度救生性能,而且在海平面、超声速到 18 500 m 高度以上、$Ma=2.5$ 的飞行条件下都具有救生能力。

统计数据表明,密闭式弹射座椅的救生成功率低于敞开式弹射座椅,而分离救生舱的救生成功率与敞开式弹射座椅大体相当,但由于这两种救生设备的质量大(例如,B-1 轰炸机采用分离救生舱与采用敞开式弹射座椅相比,飞机质量增加了 2 268 kg),成本和维护费用高,因而未得到广泛应用。

第三代弹射座椅　弹射座椅发展的第三阶段是从 20 世纪 60 年代中期开始一直持续到今天,属于多态弹射座椅的发展时期。其主要特点是采用了速度传感器(电子式/机械式),根据应急离机的飞行速度的不同,救生程序执行不同的救生模式,从而缩短了救生伞低速开伞的时间,提高了不利姿态下的救生成功率。国外现役机种装备的弹射座椅绝大部分为第三代弹射座椅。

目前,国外装机服役的第三代弹射座椅以俄罗斯 K-36 系列、美国 ACES Ⅱ系列、英国 NACES(MK-14)和 MK-16 为主要代表。

K-36 系列弹射座椅为俄罗斯星星科研生产联合体于 20 世纪 60 年代中期研制成功的第三代弹射座椅,目前已生产 12 000 多台,并且形成了独联体各国的通用化系列座椅,其突出特点是稳定性和高速性能强。根据俄罗斯资料报道,在飞行高度为 1 000 m、当量空速为 1 350 km/h 的条件下,飞行员仍能应急弹射成功。尤其是在 1989 年巴黎航展期间,一架装有 K-36 座椅的米格-29 飞机在做机动飞行表演时,因发动机故障造成飞机失速,在极其不利的条件下,飞行员应急弹射成功,安全获救,使 K-36 系列救生装置名声大振。

20 世纪 90 年代初期,俄罗斯星星联合体在 K-36 的基础上研制出了 K-36Д-3.5 弹射座椅。这种弹射座椅水平飞行的性能包线与 K-36 系列座椅相同,而在不利姿态条件下的救生性能有了很大的改进。例如,飞机飞行速度为 278 km/h,倒飞的最低安全高度从原来的 95 m 降低到 46 m。主要改进之处是:采用了电子程控技术、可控推力技术、火箭发动机倒飞切断技术、横滚姿态控制技术,使 K-36Д-3.5 弹射座椅初步具备了第四代弹射座椅的一些特征,目前已装机服役(如苏-30、苏-37),并参与了美国 JSF 飞机的竞标。

ACES Ⅱ弹射座椅是麦道公司于 20 世纪 70 年代末研制成功的第三代弹射座椅,目前已生产 10 000 多台,成为美国空军的系列化座椅。该座椅装机服役以来,经过不断改进,性能有所提高。

在越南战争期间,美国为了减少飞行员应急跳伞后被越南军队俘虏的危险,曾投巨资研究各种救生方案,如飞行座椅、热气球空中救生系统(PARD)以及空中回收系统等。后来,由于越南战争结束,这些方案未得到实际应用。

NACES(MK-14)是英国马丁·贝克公司为美国海军研制的通用化座椅,装机服役后,便开始了PI(预规划产品改进)计划。该计划的第三阶段计划利用第四代弹射座椅的技术,使NACES具备第四代弹射救生座椅的基本特征。

MK-16系列座椅是英国马丁·贝克公司于20世纪90年代初研制的新式弹射座椅。MK-16系列的主要特点是弹射机构与座椅骨架为一体化设计,不仅重量轻,而且结构紧凑,电子程控器既能感受离机后的信息,也可以与飞机数据总线相接,接收飞机的各种信息,以实现自动弹射离机。其目前已装机服役EF-2000、法国"阵风"、美国JSF(F-35)等机种。

第四代弹射座椅　弹射座椅发展的第四阶段实际始于20世纪70年代末期,因而与第三阶段的后期相互交织在一起,平行地向前发展。它的主要特点是实现人/椅系统离机后的姿态控制,其关键技术是可控推力技术和飞行控制技术。

第四代弹射座椅实质上是一个自动飞行器,主要解决高速弹射救生和不利姿态下的救生问题。由于第四代弹射座椅的关键技术风险性很大,虽然经过了20多年的研究(如MPES计划、CREST计划、第四代弹射救生技术的验证计划等),取得了很大进展,但至今尚未装机服役。

20世纪70年代末,美国的第三代弹射座椅ACESⅡ装机服役之后,便开始了第四代弹射座椅的研制工作,称它为最高性能弹射座椅(MPES)计划。该计划采用了可改变推力方向的球形火箭发动机和微波辐射技术,感受天地之间的温度差,指令改变推力方向,使座椅自动导向,其技术是先进的;但是当时的微波辐射技术还不够成熟,风险性太大,致使该计划难以转入型号研制。

1984年美国又开始了为期5年的乘员弹射救生技术(CREST)计划,目标更加先进,其宗旨是研制出一些先进技术,如高速气流防护技术、可变推力(方向和大小)技术、飞控技术、生命威胁逻辑控制技术等,以减小乘员弹射的死亡和重伤的概率。

为了试验验证CREST计划,美国又开展了多轴滑车(MASE)以及先进动态模拟假人(ADAM)研制计划。

CREST计划基本上是成功的,部分关键技术(如滞流栅网等)已证明是成功的,为该计划配套研制的试验设备(如MASE、ADAM等)对以后的弹射救生技术发展将有很大的推动作用。但是,CREST计划的核心技术(变推力大小和方向的可控推力技术以及飞行控制技术)还不够成熟,技术上的风险太大,使CREST计划没能转入工程研制。

为了解决CREST计划出现的问题,美国于1993年又开始了第四代弹射救生技术验证计划。该计划重点解决可控推力技术和飞行控制技术。经过地面10次火箭滑车验证试验,证明针栓式可控推力技术和惯性导航飞控技术是可行的,目前已具备转入型号研制的水平。

ACESⅡ和NACES座椅的PI计划将采用第四代弹射救生技术验证计划已验证的关键技术来提高座椅的性能,使之具有第四代座椅的基本性能。

我国对弹射救生技术的研究起步较晚,20世纪50年代到60年代末期,主要是生产苏联的弹射座椅,如米格飞机系列的弹射座椅等,直到70年代初期才开始第二代火箭弹射座椅的研制,目前自行研制的第三代弹射座椅已装机服役。

1.2 国外弹射救生技术的展望

1.2.1 加强第四代弹射救生技术的应用

英、美等国现役弹射座椅的名义性能包线为:在平飞条件下,飞行高度为 0~15 000 m,飞行速度为 0~1 100 km/h,$Ma \leqslant 2.5$。而实际上,在速度高于 550 km/h 弹射时,约有 43% 的弹射者死亡或受重伤;在速度高于 926 km/h 弹射时,约有 69% 的弹射者死亡或受重伤,迄今为止尚没有 1 100 km/h 下成功弹射的案例。俄罗斯 K - 36 系列座椅的高速性能比英、美等国的要好。

虽然和平时期高速弹射的概率较小(1%~2%),但在战争时期其概率将会大大增大。显然,这是一个不可忽视的问题。根据第四代飞机性能的总体要求,应把下一代弹射座椅的性能包线扩大到 1 300~1 400 km/h,$Ma \leqslant 3.0$。

目前,美军标 MIL - S - 9479 和 MIL - S - 18471 对弹射座椅在不利姿态条件下的救生性能要求满足不了第四代飞机(如 F - 22 等)性能的要求。下一代的弹射座椅要求能够在以下不利姿态条件下安全弹射救生:

- 机动加速度:纵向分别为 +9g 和 -3g;侧向为 ±3g。
- 机动速率/姿态:俯仰、偏航和横滚速率大于 360(°)/s;在飞行速度 830 km/h 时,有 20° 的偏航姿态。

同时,飞机的损坏,往往会更加恶化每次弹射时的状态。对于舰载机、垂直短距离起落(VSTOL)的飞机,上述环境还会进一步恶化。

另一个问题是飞行员的适用范围的不断扩大。现役弹射座椅是按第 5 至第 95 百分位飞行员进行设计的。从目前发展趋势来看,不但要把乘员的适用范围扩大到第 3 至第 98 百分位,而且还要考虑到女性飞行员的范围。例如,原来飞行员体重为 60~90 kg,目前有可能扩大到 42~111 kg,从而增大了弹射座椅的研制难度。扩大乘员范围不仅使人体重量范围扩大,人体尺寸范围增加,同时也使人体重心分布范围和惯性矩范围大大增加。另外,女性飞行员对弹射加速度的耐限值比男性的要低。这些不利因素对弹射救生系统的研制提出了新的挑战。

目前英、美等国已开始对现役座椅 NACES(MK - 14)和 ACES II 进行改进,计划把已验证的第四代弹射救生技术工程化,使现役座椅具备第四代弹射座椅的基本性能,预计在 5~10 年内可装机服役。

采用新技术改进座椅的性能,除了已验证的第四代弹射救生技术外,还有一些先进技术即将用于弹射座椅的研制,如脊椎预加载弹射机构、激光和光纤技术、微波辐射技术、系统仿真技术、计算流体动力学(CFD)技术、胶质推进剂等。20 多年前美国的 MPES(最高性能弹射座椅)计划曾利用微波辐射技术改变推力方向,由于当时该技术还不成熟,因而未进入工程研制。随着微波辐射技术的不断发展,这项技术已达到了实用阶段。美国开始探讨把这项技术用于弹射座椅的可能性。这是一项无源姿态信号技术,其优点是不需要发射机,减少了一些零部件,增加了可靠性,降低了成本,可在任何高度上工作。目前国外正在研究把激光和光纤技术用于弹射座椅信号传输系统的可能性,并取得了很大的进展。激光和光纤信号传输系统重量轻,性能裕度大,有现成的商品可供选用,而不需要投资研制新激光和光纤产品。为缩减研制经费,减少试验次数,弹射救生系统的研制已开始采用系统仿真技术和计算流体动力学技术。

　　此外,新技术、新材料(复合材料、高强度的特纺材料等)、新工艺的应用,将进一步推动弹射救生技术的发展。

1.2.2　降低研制成本,提高弹射座椅的可采购性

　　为使弹射座椅装机服役后不仅要有用、好用,而且还要用得起,需注重产品的可采购性研究。英国马丁·贝克公司称其研制的座椅先进程控器已经利用了商用货架产品,降低了成本。美国为 ACES Ⅱ 改进方案研制的多轴姿态控制装置(MAXPAC)也采用了这一方案。

　　美国弹射座椅通用规范 MⅡ-PRE-9479D(1996 年版)对环境试验方法和金属零件的工艺处理要求已不再强调应用原先的军用标准,而引用了美国航空无线电技术委员会(RTCA)、美国机动车工程委员会(SAE)、美国材料与试验协会(ASTM)的通用要求。在不降低弹射座椅产品质量的同时,使之融入商业产品的市场经济中,进一步降低研制和生产成本。

1.2.3　扩大弹射救生技术的应用领域

　　以前的弹射救生技术主要用于高速飞行的军用固定翼飞机,随着弹射救生技术的发展,预计今后将向武装直升机、特种作战飞机、民用飞机以及载人航天飞行器等领域发展。

　　伊拉克战争表明,武装直升机的作用越来越重要,但其救生成功率不能令人满意,目前仅靠适坠座椅难以满足直升机救生的要求。

　　俄罗斯卡-50 武装直升机已装备了牵引火箭式弹射救生系统。预计今后将加大研制直升机救生系统的力度。

　　20 世纪 70 年代末,英、美等国曾为民用飞机的救生问题设想了很多方案,例如分离救生舱、牵引火箭座椅、飞机整体回收等。由于当时的技术还不够成熟,再加上这些方案对飞机的性能、重量、成本等影响太大,故这些方案难以工程化。

　　随着技术的不断发展,民用飞机的救生问题将会得到逐步解决,可以预计,小型民用公务机的整体回收或分离救生舱方案将有希望得到实际应用。自从 1961 年苏联首次实现载人航天飞行以来,航天救生便提上了议事日程。

　　1986 年元月"挑战者"号航天飞机失事后,航天救生的问题曾一度引起人们的高度重视,并提出了很多救生方案,如分离救生舱、密闭式弹射座椅、敞开式弹射座椅、牵引火箭式救生系统等,由于当时服役的航天飞机不可能变动太大,所以最后选用了滑杆式救生方案,但因其救生包线小,只适用于低速飞行状态。

　　2003 年 2 月"哥伦比亚"号航天飞机失事致使 7 人遇难,说明航天飞机的救生问题急待解决。预计分离救生舱有希望成为下一代载人航天飞行器的救生装置。

　　我国弹射救生技术经过了几十年的努力,已经跨入了独立研制弹射救生设备的行列,自行研制的第三代弹射座椅已装机服役,并已开始第四代弹射救生技术的预研工作,但与国外先进弹射救生技术相比还有很大差距。为了缩小与国外的差距,必须选准突破口,加大投资力度,研制出具有我国知识产权的先进救生系统,以实现跨越式发展。

第2章 国外固定翼飞机弹射救生装备发展综述

2.1 固定翼飞机弹射救生装备——英国篇

2.1.1 MK1 弹射座椅

1947 年研制成功的 MK1 型弹射座椅(见图 2－1)是马丁·贝克公司第一个投入服役的标准弹射座椅。座椅骨架及导轨由铝合金制成,其设备主要有:稳定伞、救生伞、折叠式救生船、应急氧气设备、淡水瓶等。

1. 主要性能指标

① 弹射初始速度:15 m/s。

② 座椅装机质量:78 kg(172 lb)。

③ 弹射质量:65 kg(143 lb)。

2. 主要技术特点

① 采用了两级弹道式弹射筒。借助燃气作动的开锁机构,可实现内、外筒分离。

② 椅盆可调节,椅盆内装有调节手柄。

③ 装有与座椅铰接的活动式脚蹬。

④ 用面帘手柄打火击发弹射筒弹射弹,用射伞枪拉出并展开稳定伞。

⑤ 背式救生船叠装在一个管状包内,氧气瓶也存放在这个包内,便于随时取用。

图 2－1　MK1 弹射座椅

⑥ 座椅的护腿与椅盆连成一体,可保证座椅弹射后带稳定伞旋转下降,还可以保护飞行员的腿部免受气流冲击或被离心力所抛离。

⑦ 座椅基本上是手控的,在弹射后座椅稳定减速段,飞行员需要手动解开背带,实现人/椅分离,并拉开伞环,打开降落伞,故低空性能差。

3. 装备机种

MK1 装在英国的"流星"、"攻击者"、"飞龙"、"堪培拉"、"海鹰"和"毒辣"等军用飞机上。

4. 研制单位

马丁·贝克飞机公司。

2.1.2 MK2 弹射座椅

20 世纪 40 年代末开始研制的 MK2 型弹射座椅(见图 2－2)是在 MK1 型座椅的基础上发展而来的,其主要目的是解决弹射自动化问题。其结构与 MK1 型座椅相似,加装了一个定时的钟表机构。这种座椅曾批量生产,使用安全可靠,并且能够替换之前服役的手动座椅。

1. 主要性能指标

① 弹射初始速度:18.3 m/s。

② 座椅装机质量:78 kg。

③ 弹射质量:65 kg。

2. 主要技术特点

① 椅盆内装有一个救生船,救生伞和稳定伞都放在专门设计的伞包里,座椅安全带和救生伞背带组合为一体,同时起双重作用。

② 设计了一个钟表式的"定时机构",并固定在座椅的一个侧梁的顶部。当座椅弹射上升时,定时机构由固定绳拨动,并运转 5 s(高度在 3 960~3 050 m以上定时机构不工作),通过拉动一根钢索解脱座椅背带系统。

③ 当稳定伞脱离座椅时,其拉力传给一个安置在背式救生伞及其伞箱中间的帆布垫,该帆布垫拉紧,使乘员向前倾斜而脱离座椅。这时,连接在帆布

图 2－2　MK2 弹射座椅

垫上的救生伞拉绳释放伞包封包锁针并拉出伞顶,同时稳定伞脱开虎钳,释放面帘,以便乘员完全脱离座椅。

④ 由于在超高空缺氧或极冷情况下缓慢下降会造成人员伤亡,为避免救生伞在超高空展开,在定时机构上装了一个气压膜盒,使定时机构在座椅下降到 3 050 m(10 000 ft)以前不工作。这就使飞行员能在寒冷和空气稀薄的空间迅速稳定又可控制地下降到适宜的高度,然后人/椅分离,救生伞安全张开。

⑤ 为了防备定时机构可能失灵,采取了乘员手动分离的措施。

⑥ 改进的射伞枪借助一个 1 s 的时间延迟机构来作动,而时间延迟机构由与飞机相连的短索来启动。

3. 装备机种

MK2CB 装在"堪培拉"飞机上,MK2H 装在"猎人"飞机上,MK2J 装在"标枪"飞机上,MK2 装在 Fokker S－14 飞机上。

4. 研制单位

马丁·贝克飞机公司。

2.1.3　MK3 弹射座椅

MK3 弹射座椅(见图 2－3)是在 MK1 和 MK2 型座椅的基础上改进而成的,其目的在于提高低空和高速下的救生能力。1955 年 9 月成功地进行了真人跑道起飞弹射实验。

1. 主要性能指标

① 弹射初始速度:24.4 m/s。

② 座椅装机质量:78 kg。

③ 弹射质量:65 kg。

2. 主要技术特点

① 采用了三级套筒式弹射筒,装有一个主弹射弹和两对辅助弹射弹,以提高弹射轨迹高度所需的弹射初始速度。

② 采用了两条结构简单的加强尼龙绳限腿带,以约束乘员的下肢,保证下肢关节不受损伤。每条尼龙绳的一端用一个剪切销连到座舱地板上,在一定载荷下拉离地板,以保证小腿靠

近椅盆前缘。每条尼龙绳的另一端,先穿过固定到椅盆前面的缓冲机构,再穿过乘员腿箍上的金属环,最后连到背带释放盒上。配备的尼龙带能够使坐在座舱中的乘员腿部自由运动。弹射时,在尼龙带与座舱地板断开之前,尼龙带在缓冲机构与背带释放盒之间拉紧,因此,能够自动地把乘员的小腿拉紧在椅盆前面,并使腿牢固地固定住,直到背带释放、人/椅分离为止。

③ 采用了双(两级)稳定伞系统,射伞枪点火延迟由 1 s 减到 0.5 s,而打开救生伞的时间从 5 s 缩短到 3 s,所用救生伞是直径为 7.3 m 的欧文伞。

④ 具有从地面弹射到 12 190 m(40 000 ft)或更高的高空安全的救生性能。

⑤ 一个极迅速有效的抛盖系统使舱盖在任何条件下都能抛离。

图 2-3　MK3 弹射座椅

3. 装备机种

MK3 型弹射座椅装在 Saab-32"矛"上。

4. 研制单位

马丁·贝克飞机公司。

2.1.4　MK4 弹射座椅

随着新式"轻型战斗机"的出现,减轻弹射座椅的重量就显得越来越重要,同时必须保证不因重量减轻而影响座椅的工作和效率。基于此,MK4 弹射座椅(见图 2-4)虽然保留了以往座椅的基本组件,但是进行了大量的改进。

1. 主要性能指标

弹射初始速度:24.4 m/s。

2. 主要技术特点

① 为了适应新型战斗机的需要,达到减轻重量的设计初衷,取消了普通导轨,代之以装在弹射筒两侧的槽式导轨,安装在座椅梁上的滑块将座椅定位在槽内。弹射时,座椅沿导轨射出。

② 动力装置采用了三级套筒式弹射筒,其装有一个主弹射弹和两个辅助弹射弹。

③ 采用了三伞制开伞程序,由 G 值控制器控制。

④ 椅背装有马蹄形伞包,提高了座椅的舒适度。

⑤ 除面帘打火装置外,在椅盆前端装有一个备用打火手柄,供应急使用。

图 2-4　MK4 弹射座椅

⑥ 在有的座椅上还装有电动升降机构和穿盖弹射装置。

3. 装备机种

MK4 装在"美洲虎"A 型、"阿尔法喷气"原型、"幻影"F1、"军旗"等机上。

4. 研制单位

马丁·贝克飞机公司。

2.1.5 MK5 弹射座椅

MK5 弹射座椅(见图2-5)是马丁·贝克公司根据美国海军的要求在 MK4 的基本型基础上设计的,于1957年投入使用并成功地进行了零高度、小速度弹射救生;此后,决定以 MK5 弹射座椅为美国海军所有喷气式战斗机和教练机的标准设备。

1. 主要性能指标

弹射初始速度:24.4 m/s。

2. 主要技术特点

① 除具有三级套筒式弹射筒、G 值控制器、双伞稳定系统及马蹄形伞包外,为满足摔机时的救生要求,加强了座椅的结构和背带,虽重量有所增加,但却可承受 40g 的撞击过载。

② 在座椅头靠上还加了专门破碎座舱盖玻璃的破碎器,具有穿盖弹射能力。

3. 装备机种

MK5 系列座椅共装备了近20种美国飞机,如:F-9、F-8F"美洲豹"飞机,F-8U 舰载攻击机,F-4B"鬼怪式"飞机,A-6"入侵者"飞机,F-104G 飞机,OV-1飞机等。

4. 研制单位

马丁·贝克飞机公司。

图 2-5 MK5 弹射座椅

2.1.6 MK6 弹射座椅

为了提高弹射座椅的低空救生能力,马丁·贝克飞机公司在 MK4 系列的基础上研制了 MK6 系列座椅(见图2-6)。这是专门为装备垂直起落飞机而设计的第一种火箭弹射座椅。在1962年成功地进行了真人空中弹射试验。

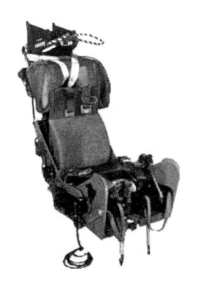

图 2-6 MK6 弹射座椅

1. 主要性能指标

弹射初始速度:21.3 m/s。

2. 主要技术特点

① 该系列座椅除具备 MK4 系列座椅的基本特点外,在椅盆底部加装了装有固体火药的火箭包,以提高弹射轨迹。

② 使弹射过载降至 15g,过载增长率在 200 g/s 以下。

③ 在椅盆中装有救生设备,并加装了肩带惯性滚筒、固定绳切割器和负过载限制系统。

座椅可穿盖弹射,并具有零高度-零速度救生能力。

3. 装备机种

MK6HA 装在 P1127 垂直起落飞机上;MK6V 装在垂直起落试验机上;MK GA6 装在德国 VJ-101D

垂直起落飞机上;MKJM6 装在以色列"幼狮"飞机上。

4. 研制单位

马丁·贝克飞机公司。

2.1.7 MK7 弹射座椅

MK7 系列弹射座椅(见图 2-7)是由 MK5 系列座椅演变而来的,它吸取了马丁·贝克飞机公司过去研制中的成功经验。

1. 主要技术特点

① 减小了伞包前后的厚度以及稳定伞箱和头靠的尺寸。

② 救生伞放在马蹄形伞包内,救生盒放在椅盆里,乘员乘坐舒适。

③ 火箭包的使用,使其低空性能得到很大改进,零高度-零速度弹射试验时,使重约 200 kg 的人/椅系统具有 50 m 的稳降高度。

④ 为减少应急时的作动次数,舱盖抛放起爆器与弹射筒作动机构联动,只需一次动作即可抛盖、弹射。

⑤ 为保证弹射座椅动作前舱盖抛离飞机,在弹射筒的尾部装有 0.5 s 的延时机构。该座椅具有零高度-零速度救生能力。

图 2-7 MK7 弹射座椅

2. 装备机种

MK7 装在"幻影"Ⅳ飞机上;MK F-7 装在 F-8 Crusader 飞机上;MK GQ-7(A)装在 F-104G 飞机上;MK GRU-7(A)装在 F-104 Tomcat 飞机上。

3. 研制单位

马丁·贝克飞机公司。

2.1.8 MK8 弹射座椅

MK8 系列弹射座椅(见图 2-8)是飞机做长时间超低空高速飞行时,为满足救生系统最低安全高度要求而设计的。

图 2-8 MK8 弹射座椅

1. 主要技术特点

① 座椅动力装置由弹射筒和火箭包组成,火箭包推力为 22 246～26 460 N,作用时间为 0.23 s。

② 取消了面帘打火手柄。

③ 为解决高速弹射时手臂的保护问题,安装了限臂带。

④ 装有双座指令弹射系统,以保证双座按顺序弹射离机。该座椅可在 0～飞机升限和 111～741 km/h 速度范围内穿盖弹射。

2. 装备机种

MK8 装在意大利的 S-211 飞机上;MK8A 装在 T.S.R-2 飞机上。

3. 研制单位

马丁·贝克飞机公司。

2.1.9　MK9 弹射座椅

20 世纪 60 年代后期,开始设计 MK9 弹射座椅(见图 2-9)。这种座椅保持了弹射筒加导轨、高度时间释放机构、稳定伞枪和乘员设备接头的总设计特点;但是,对座椅总体结构、稳定伞箱、救生伞和椅盆却进行了很大的改进。这种设计改进使座椅的特征和乘员的舒适性有了明显的变化。

1. 主要技术特点

① 座椅结构和稳定伞箱:MK9 座椅骨架由两个主梁和三个横梁构成。但是,由于设计了稳定伞箱,而改变了椅盆的装配方法。稳定伞箱是一个较大的装稳定伞的箱式构件,其顶部用四块封包布封紧,前面装了一个仿形垫,以便可贴合乘员的飞行头盔。仿形垫的中间有一个垂直孔,可放置开伞绳。

② 救生伞和椅盆:对 MK9 座椅的救生伞进行了大量的改进。救生伞装在一个近似长方形的仿形箱中,

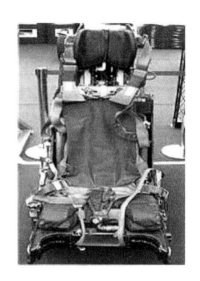

图 2-9　MK9 弹射座椅

以提供舒适的靠背,并适合于椅盆后面宽大的凹进部分。伞箱的顶部采用封包针进行包封。肩带拉紧机构装在椅盆后面,其拉紧带穿过伞操纵带上的小钩环。

③ 座椅燃气点火操纵系统:该座椅的点火系统完全不同于以往座椅的点火系统。这种点火系统是燃气操纵的,不用点火钢索,仅用一个位于椅盆前面的打火手柄。

④ 采用了管径为 5.1 cm(2 in)的火箭包,燃烧时间为 0.4 s。

⑤ 火箭包喷口的角度可通过俯仰调节手柄调节,以满足不同乘员的重心要求。零高度-零速度弹射时的最大轨迹高度为 120 m。

2. 装备机种

原 MK9 是为垂直起落飞机 P-1154 研制的,但后来该座椅也装备在"美洲豹"B、M 和 S 型飞机上;MK9A 装在 EarlyHarriers 飞机上。

3. 研制单位

马丁·贝克飞机公司。

2.1.10　MK10 弹射座椅

MK10 座椅(见图 2-10)是马丁·贝克飞机公司继 MK9 火箭弹射座椅之后为德国和意大利联合研发的"纳维亚"2000 多用途战斗机定制的。MK10 弹射座椅因其性能优良、维护性好等优点,被许多西方国家军用飞机所选用。

1. 主要性能指标

① 速度:0～1 159 km/h。

② 高度:0～15 240 m。

③ 座椅质量:85.82 kg(其中,弹射筒质量为 13.63 kg,救生包(不包含内装物品)质量为 3.4 kg)。

④ 弹射初速:19.8 m/s。

⑤ 火箭包推力:20 000 N(可调)。

图 2-10　MK10/10L 弹射座椅

2. 主要技术特点

① 动力装置由三级套筒式弹射筒和推力可调的火箭包组成。

② 座椅系统采用以燃气为主、机械为辅的系统传输形式,改善了使用维护性。

③ 实行三伞制,头靠伞箱,稳定性好,具有良好的后视界。

④ 双肩带惯性强制拉紧机构,装有限腿带、限臂装置。惯性滚筒肩带和降落伞肩带组合在一起。

⑤ 高度时间控制机构:MK10 座椅重新设计的高度时间控制机构使用了一个延时机构。当座椅离开飞机时,该延时机构由一个释放杆操作,当弹射离机高度超过设定高度位置时,该延时机构由一个高度膜压来控制。这个新机构还包括一个 G 值控制器,其作用是控制在 1 828.8 m(6 000 ft)高度以上开伞。

⑥ 稳定伞/救生伞系统:稳定伞和救生伞装在一个位于座椅主梁顶端的伞箱内,构成了乘员头靠。这种设计特点排除了分离伞包的必要性,简化了背带的装配,使稳定伞和救生伞快速射出并离开座椅。

⑦ 简易的两点组合式背带:MK10 座椅的背带是一种组合的伞/椅安全背带系统。但是,通过在 $-g$ 值带上装配一个快卸锁,使 MK10 座椅的背带系统变得简单了。背带的这种装配方法加快和简化了搭接程序,并且明显地改进了舒适性和约束程度。

⑧ 单独启动的手动分离系统是防止高度时间控制机构失灵或射伞枪失灵时使用的备份系统。手动分离系统与弹射操纵手柄之间装有互锁机构。

⑨ 比起以前的弹射座椅,一个重大的改进是减少了保证座椅安全所需的保险销数目,只有一个地面保险销实现了地面单点安全保险。

⑩ MK10 座椅上新改进的限臂装置可在高速期间约束住胳臂,避免损伤胳臂。

⑪ 指令弹射:指令弹射是用于双座或多座飞机弹射装置中的一种术语,意指当一个乘员启动弹射时,可保证两台或多台座椅按照预定程序自动弹射。使用指令弹射系统,当出现紧急情况时,唯一的动作只需要飞行员拉动自己座椅的弹射手柄,就会使所有的乘员按预定的程序弹射,所有的程序都是自动的。同时,还将抛盖系统编入程序中,在弹射之前,自动抛盖。燃气系统的采用,大大改善了指令弹射系统的设计。

⑫ 燃气控制系统:MK10 座椅的燃气控制系统不仅包括座椅弹射操纵系统和肩带拉紧机构的工作,而且还包括时间控制机构工作时释放稳定伞和锁紧背带。通过采用燃气控制手动分离系统来预防射伞枪和时间控制机构的失灵,还包括火箭包点火系统。

3. 弹射程序

① 拉动弹射操纵手柄,启动应急离机程序,约束乘员到正确的弹射姿势。

② 弹射筒点火,使座椅应急离机。座椅向上运动操纵限腿带和限臂带(如果配备的话),断开乘员辅助设备,启动应急氧气,释放射伞枪和时间控制机构,拉出火箭包打火钢索。视飞机清除弹射通道方式而定,通过座椅弹射操纵系统可以抛掉座舱盖;或用微型爆破索破碎舱盖;或穿盖弹射断开飞机供氧,接通应急氧气。

③ 当弹射筒分离时,火箭包工作使座椅继续加速。

④ 在启动座椅运动 0.5 s 后,射伞枪点火并展开稳定伞。

⑤ 展开的稳定伞使座椅稳定并减速。

⑥ 在座椅启动 1.5 s 后,或在恒定高度,时间控制机构工作,释放乘员背带系统,以及限腿、限臂系统(如果配有的话),个人装备断接器乘员部分与座椅分离。稳定伞释放后脱离座椅并拉出救生伞。

⑦ 稳定伞展开救生伞时,人/椅分离,座椅自由坠落。

⑧ 乘员乘救生伞正常降落。

4. 装备机种

MK10 装在"阿尔法喷气"、"幻影"2000、F-18"大黄蜂"、"帕那维亚"、"霍克"、西德利、1182 地面攻击机、教练机上;MK10A 装在 Tornado IDS 飞机上。

5. 研制单位

马丁·贝克飞机公司。

2.1.11　MK10L 弹射座椅

MK10L 座椅是由 MK10 弹射座椅改进而成的,它具有重量轻、体积小、价格低的优点。MK10 系列座椅已经完成 350 次以上的试验,是现有救生系统中较完善的救生系统。目前 MK10L 座椅已被 61 个国家的空军选用,装备在 43 种型号的飞机上。

1. 主要性能指标

① 速度:0～1 150 km/h。

② 高度:0～飞行升限。

③ 装机质量:90 kg。

④ 弹射过载:14～16g。

2. 主要技术特点

MK10L 弹射座椅继承了 MK10 弹射座椅后视界好、乘坐舒适、采用单点地面保险以及自动单独作用的备份系统等技术。此外,还有以下改进:

① 硬式轻型的乘员救生包:座椅上安装有一个轻型硬式玻璃钢乘员救生包。在最小的尺寸和重量条件下,新的结构具有最大的容积。乘员救生包包括一个必备的舒适的软垫,软垫对尚未开包的救生包具有漂浮装置的作用。单个手动释放机构是一个标准构件。

② 救生包自动下降装置:一个小巧轻型的装置安装在救生包的右边。它在人/椅分离后 4 s 自动放下救生包。该装置可根据飞行员使用或不使用自动下降装置来选择手动或自动分离。

③ 最佳伞箱位置:伞箱设置在座椅的顶部,以使救生伞和稳定伞能够迅速、通畅地展开,而不受座椅机构的影响。

④ 简化的飞行员约束:MK10L 座椅是为表速为 1 111.92 km/h(600 n mile/h 当量空速)时弹射而设计的,并且吸取了较早的为飞行员提供优良防护的马丁·贝克座椅的经验。腿的约束采用一种简单的双带腿约束系统,它能插入飞行服内并提供良好的防护。简单的单点手动联结/脱钩是一个特点。手臂的约束采用一种插入座椅的综合手臂约束系统。

⑤ 躯干背带系统:麦克唐纳·道格拉斯公司 F-18 飞机的 SJU-S/A 座椅已经设计成具有美国海军型躯干背带的系统。任何一种形式的背带系统都能理想地和 MK10L 座椅相配。

⑥ 备用氧气系统:MK10 L 座椅能够与任何用户喜欢的氧气设备相连接,包括带氧气系统的救生包。

⑦ 组件成套:MK10L座椅设计了四个主要组件:a. 弹射筒(推进器);b. 主梁结构;c. 椅盆;d. 降落伞系统。这样大大加快了维修速度并简化了座舱口出入。

⑧ 可适应的设计外形:MK10L座椅的总尺寸能适应大多数乘员乘坐。这样的设计外形使座椅能够在不影响原始设计特征的情况下极好地和任何现在的和未来的座舱相适应。

⑨ 延长维修间隔:MK10L座椅是精心设计的,以便减少和简化维修。座椅仅要求每两年维修一次,并且这项工作仅需要一天就能完成。

⑩ 椅装氧气系统:飞机氧气调节器、乘员设备断接器和应急氧气系统可安装在座椅上。MK10L座椅的性价比较好。

3. 装备机种

MK10L座椅装在AMX轻型超声速攻击机、雅克-130(出口)型飞机以及中国K-8教练机等机型上。

4. 研制单位

马丁·贝克飞机公司。

2.1.12 MK11弹射座椅

图2-11所示的MK11弹射座椅是马丁·贝克公司在MK8L座椅基础上为T-27等轻型教练机研制的轻型座椅。该座椅轻便、有效、舒适、安全,保留了MK8L的全部设计特点,并吸取了早期有关座椅设计所取得的经验。它是用高标准材料制造而成的,并按照美国海军所规定的工艺规范进行了表面处理。

图2-11 MK11弹射座椅

1. 主要性能指标

① 高度:0~7 100 m。

② 速度:74.128~648.62 km/h。

③ 装机质量:43~50 kg。

2. 主要技术特点

① 主梁结构:该结构是由马丁·贝克公司传统的主梁结构所组成的。所有其他座椅部件都安装在主梁上。

② 椅盆采用了一种新型滑轨装置,它安装在主梁的前缘上。椅盆后缘的T形滑块装在位于座椅主梁结构下端前缘的组合滑轨上。在狭窄的机舱里可使椅盆后移3.2 cm。弹射手柄位于椅盆前缘中央,椅盆内装一小型救生包。

③ 动力装置采用弹射初速为19.8 m/s、工作时间为0.20 s的带两个辅助弹的三级套筒式弹射筒。

④ 救生伞和头靠:单一稳定伞和G-Q公司生产的气动锥形救生伞包装在一个伞箱里。这个伞箱正好形成了头靠。稳定伞用于弹射后稳定座椅,保证在座椅姿态校正后迅速展开救生伞。

⑤ 乘员救生包是由一个玻璃钢壳体(玻璃纤维)构成的,通过两个快卸插头连接在救生伞背带上。

3. 座椅主要部件的工作

① 弹射筒　三级套筒式弹射筒在必要时为座椅弹射离机提供推力。弹射筒是通过拉动机械打火装置所产生的燃气压力来点燃弹射弹的。

② 射伞枪　当座椅开始移动时,击发双弹射伞枪,在延迟 0.25 s 以后迅速射出稳定伞。万一主弹出现故障,辅助弹由高度时间控制机构自动提供备用开伞装置的信号来撞击点火。

③ 高度时间控制机构　从座椅开始移动到稳定伞释放,救生伞打开,飞行员与座椅分离的这段时间,高度时间控制机构只延迟 1.5 s。高度时间控制机构里装有一个气压膜盒。可根据飞机在飞行中对地面的高度情况来预调气压膜盒。

④ 限腿系统　为了防止弹射时对乘员双腿的抽打危险,用一个简单而又轻便的限腿系统把双腿向后拉,并固定在座椅上;当高度时间控制机构工作时,双腿就自动地从限制装置上脱开。

4. 装备机种

MK11 装在轻型教练机上。

5. 研制单位

马丁·贝克飞机公司。

2.1.13　MK12 弹射座椅

1984 年投入批量生产的 MK12 座椅(见图 2-12)是在 MK10 和 MK10L 弹射座椅基础上研制的非常成功的发展型座椅,在保持了 MK10 系列座椅简单而结实的结构和舒适性的同时,在性能方面有了很大的提高。

1. 主要性能指标

① 高度:0~15 420 m。

② 速度:0~1 200 km/h。

2. 主要技术特点

① 该座椅整体安装,不需要改座舱设计即可替换 MK10(MK10L)座椅。

② "三重安全感受"系统代替了 MK10 系列座椅上的高度、时间机构。该系统通过安装在座椅上部两侧的皮托管感受弹射离机瞬间座椅所处的环境、速度和高度,然后由机械、电器和静压系统三个状态选择机构选择相应的工作方式,完成座椅的工作程序。

③ 弹射动力装置采用了一个带辅助弹的两级套筒式弹射筒,弹射初速为 18.3 m/s。另外,为增

图 2-12　MK12 弹射座椅

加人/椅系统的水平速度及降低制动过载,将火箭包的通道体及推力喷口安装在火箭包装药管的末端,还采用了侧向小火箭发动机,工作时间为 0.05 s,使弹射轨迹获得发散。

④ 采用了加拿大欧文公司的 AIM-7 救生伞与 MK12 型座椅配套,使得安全救生性能有了新的突破。

3. 装备机种

MK12 装备在英国的"鹞"式 GR5 飞机上及我国台湾的 IDF 战斗机上。

4. 研制单位

马丁·贝克飞机公司。

2.1.14 MK14 弹射座椅

由于新飞机始终要求应急离机系统不断扩大性能包线,为了使救生设备能够满足或超过新规范的技术要求,设计上就得采用先进技术。MK14 弹射座椅(见图 2 - 13)是为美国海军研制和生产的海军空勤人员通用弹射座椅(NACES)。NACES 计划始于 1985 年,1990 年通过定型,1991 年开始生产。

图 2 - 13   MK14 弹射座椅

1. 主要技术特点

① 该座椅突出的特点是采用了微机电子程序机构,它首先是从座椅上的感受系统接收空速和高度数据,然后再通过程序模块从座椅的五种工作模态中选择一种合理的工作方式。

a. 第一种方式用于低空(小于 2 440 m)、低速(小于 555.96 km/h,即 300 n mile/h 当量空速)弹射,能满足救生伞尽可能展开的要求;

b. 第二、三、四种方式用于高速(555.96 ~ 1 297.24 km/h,即 300~700 n mile/h 当量空速)、中低空(至 5 490 m)弹射,可保证在救生伞展开前有减速阶段,在这三种方式弹射中,稳定伞在 1.03~2.83 s 范围内分别延迟点火;

c. 第五种方式用于高空弹射,在这种弹射方式中,座椅降至 5 490 m 时才展开救生伞。

② 轻便的结构、紧凑的设计。座椅可在直立至 45°的任意角度内进行安装。

③ 采用传统的弹射筒加火箭包的组合动力装置,弹射筒为带有一个辅助弹的两级弹射筒,顶部装有双底火箭弹射弹。火箭包的通道体装在后部,既减轻了火箭的重量,又提高了座椅的稳定性。火箭包上装有四个对称推力喷管和用于轨迹发散的小型侧向推力火箭。火箭包采用电子程控机构传来的信号启动点火,提高了不利姿态下的安全救生能力。

④ 装有大功率火箭强制开伞机构,在 648 km/h 的高速情况下,G.Q 6.2 m 气动锥型伞可安全、迅速地展开。

⑤ 将限腿带改为双腿带,加装了限臂网。

⑥ 装有一个完全自动的备份系统。如当高度达 5 486 m,经 4 s 后救生伞仍不展开时,则其备份系统就自动开伞。

图 2 - 14 为 MK14 进行零高度-零速度状态下弹射,图 2 - 15 为 MK14 在 F - 14D 座舱上的高速弹射试验。

图 2 - 14   MK14 进行零高度-零速度状态下弹射

图 2 - 15   MK14 在 F - 14D 座舱上的高速弹射试验

2. 装备机种

A-6F、F-14D、F/A-18C/D、F/A-18E/F、T-45 等型号飞机。

3. 研制单位

马丁·贝克飞机公司。

2.1.15　MK14L 弹射座椅

MK14L 弹射座椅在 MK12 座椅基础上对座椅的结构布局、动力装置、稳定系统、控制系统、防护系统、回收系统等方面作了重大的改进和提高。MK14L 型电子控制弹射座椅代表了应急离机系统的最新技术。

1. 主要技术特点

① 紧凑的设计:MK14L 座椅整个布局仍采用中间弹射筒加两侧组合导轨,主梁为铝合金结构。为了缩小座椅参考点至椅盆侧板前缘之间的距离,将座椅上、下滑动的滑轨直接装在主梁结构上,稳定伞射伞机构和救生伞开伞火箭装于左、右主梁外侧。主梁上端两侧装有可折叠的皮托管传感器。整个主梁结构与安装在 F-18 飞机上的 MK10 型座椅相比重量下降了 10%～15%。

② 高过载防护 MK14L 型弹射座椅能在直立到约 45°的任意角度内进行安装。

③ 轻型弹射筒和导轨组件弹射筒是通过其下部固定安装支座和一个可调节的上部连接支座安装在飞机隔框上的。弹射筒包括两根导轨并分别装在弹射筒外筒的两侧。

④ 椅盆组件:椅盆组件安装在简化了的滑动组件上,位于主梁结构的正前方。这种安装结构既减轻了重量,又缩小了座椅参考点到前缘之间的距离。

⑤ 头靠伞箱:伞箱为救生伞提供容器。伞箱由一个硬盖密封住,工作时由救生伞开伞火箭展开。

⑥ 先进的电子程序控制机构:电子程序控制机构装在座椅主梁机构架的前面,紧靠伞箱之后,由微机控制。其启动电源由两个热电池提供。电子程序控制机构具有抗电磁干扰和电磁脉冲(EMI-EMP)的能力。其中一个主要部分就是电子信号线路的传输系统。

⑦ 有效的四肢防护系统:MK14L 型弹射座椅(NACES)装有与座椅结构连接的被动式限臂机构。

⑧ 肩带拉紧机构:MK14L 型弹射座椅上安装的肩带拉紧机构与装在 MK10 型弹射座椅上的相似。轻型的滚筒能够使惯性滚筒自动地打开和锁上,弹射时还可将乘员的躯干拉回。

⑨ 改进了的火箭包:对火箭包作了重新设计,将通道体放在火箭包的后部。这样既减轻负担了火箭的重量,又提高了座椅的稳定性。

⑩ 稳定伞射伞机构是由圆柱形伞箱和一个套筒式推力机构组成的。为使救生伞能在最短时间内迅速展开,座椅上装有大功率火箭强制拉出机构,即救生伞开伞火箭。

⑪ 腿带改进为双腿箍形式,另外还加装了限臂网。

2. 装备机种

美国海军飞机。

3. 研制单位

马丁·贝克飞机公司。

2.1.16　MK15 弹射座椅

MK15 弹射座椅(见图 2-16)是马丁·贝克飞机公司与 Pilatus 公司共同研制的一种全新弹射座椅。

图 2-16　MK15 弹射座椅

1. 主要技术特点

① 采用了双弹射筒，并可兼作导轨。安装时弹射筒紧靠座舱后隔板，使驾驶员位于两个弹射筒之间，并确定了视线和座椅的位置。

② 为了避免弹射时乘员膝部与舱盖口相撞，专门设计了一个安装件，其前端下倾约 45°，并且把座椅椅盆前缘支撑大腿部位设计成可调节的，平时处于较直的工作位置，乘坐舒适。弹射时，支撑板下落 30°左右，把腿收回，从而避开舱盖前段口框。

③ MK15 型座椅采用了现役椅盆同座椅骨架相连的设计方案。这样，不用做太大改变，就可直接用螺栓把座椅固定在原来的位置上。安装方法简单，飞机结构无其他改动。

④ 精心设计的头靠伞箱能保持乘员头部和肩部合适的状态。

⑤ 采用了火药破盖器，它在座椅开始运动之前打开，并处于理想的位置，这样就确保了带有头盔的乘员头部在碰到舱盖之前，穿盖器可先击碎 4 mm 厚的座舱盖玻璃，然后座椅弹射离机。

2. 弹射程序

拉中央弹射手柄，击发弹射弹，座椅沿导轨上升，肩带拉紧机构和破盖器工作。弹射出舱后，稳定伞枪经 0.3 s 延迟后射出稳定伞。当高度高于 5 000 m 时，稳定伞稳定座椅并下降至 5 000 m 后，高度控制机构释放稳定伞和背带系统，拉出救生伞，人/椅分离。低空时，稳定伞在 0.7 s 内使座椅稳定减速，同时，经过 1 s 后，稳定伞拉出救生伞，救生伞展开后人/椅分离。4 s 后救生包自动展开，救生船充气。

3. 装备机种

瑞士 PC-7 双座涡轮螺旋桨教练机。

4. 研制单位

马丁·贝克飞机公司与 Pilatus 公司。

2.1.17　MK16A 弹射座椅

MK16 弹射座椅如图 2-17 所示。

MK16A 弹射座椅（见图 2-18）是把简易超轻的 MK15 座椅的设计方案与第二代电子程序机构结合起来的新型弹射座椅。它类似一个小型的、高性能的、自动控制的以火箭为动力的飞行器，并有自己的环境控制和生命保障系统。

图 2-17　MK16 弹射座椅

图 2-18　MK16A 弹射座椅

1. 主要性能指标

① 座椅性能包线：

a. 速度：0～1 158.25 km/h(0～625 n mile/h 当量空速)。

b. 高度：0～15 240 m(0～50 000 ft)。

② 座椅质量：89 kg。

2. 主要技术特点

① 在 MK16A 座椅中的动力装置组件构成了座椅本身的骨架结构。这种骨架结构可使座椅质量轻、强度高；大部分构件采用轻型合金，用凯夫拉/碳合成材料制造救生盒、靠背以及流线形壳体。

② 座椅主要结构以 U 形双弹射筒为中心。弹射筒的两根轻合金套筒在底部通过弹射筒的弹膛相连。弹膛内装有弹射弹盒及两个引爆弹。弹射筒的套筒沿导轨运动，导轨固定在飞机上，弹射时导轨留在飞机上。新型弹射筒采用火箭燃料药柱作推进剂，其燃烧速度比较平稳地增长(仍然很快)。这种火箭弹射筒很好地解决了根据乘员重量调节座椅性能的问题。

③ 装在 MK16A 座椅上的电子程控器为第二代数字产品，采用三余度设计，能连续感受外部环境参数。程控器靠座椅两侧的热电池提供电源。

④ MK16A 座椅装上飞机或从飞机上拆下时，均处于安全打开的保险状态，也就是说，不需要将弹药单独装入座舱。

3. 装备机种

欧洲战机 2000。

4. 研制时间

20 世纪 90 年代初期到中期。

5. 研制单位

马丁·贝克飞机公司。

图 2-19 所示为 MK16 弹射座椅零高度-零速度弹射试验。

图 2-19　MK16 弹射座椅零高度-零速度弹射试验

图 2-20 所示为 MK16A 弹射座椅地面火箭滑车弹射试验。

图 2 - 20　MK16A 弹射座椅地面火箭滑车弹射试验

2.1.18　MK16E 弹射座椅

MK16E 弹射座椅(见图 2 - 21)是马丁·贝克飞机公司为洛克希德·马丁公司推出的系统发展与验证(SDD)弹射座椅,可通用于三种 JSF"联合攻击战斗机"飞机方案。其设计在关键参数如安全离地高度极限、生理载荷耐限、乘员登机重量和人体尺寸适应范围之间寻求一个全新的、最佳的、平衡的参数匹配,以满足 F - 35 飞机对救生系统的要求。

1. 主要性能指标

① 速度:0~1 111.92 km/h(0~600 n mile/h 当量空速)。

② 高度:15 200 m(0~50 000 ft)。

③ 座椅质量:78.4 kg(172.9 lb)。

2. 主要技术特点

① 该座椅采用安装在侧壁上的双管弹射筒以及 495.33 mm(19.5 in)宽的椅盆(适应大个儿乘员)。

② 座椅设计高度模块化,易于从座舱中拆卸,可提供 $30\ G_x$(过载)的抗坠毁和应急出舱能力。

③ 采用吸能头垫和第三代 COTS(商业现用的)电子程控器。NACES 研制的 FAST (未来先进程控器技术)微处理机程控器是全自动和多余度椅装程序系统的核心。

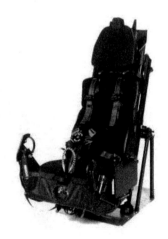

图 2 - 21　MK16E 弹射座椅

该系统可连续感受主要的弹射状态,以优化座椅性能,使每一次弹射都能达到最优化。

④ 采用自动弹射和飞机数据总线界面进一步提高了座椅性能的控制水平。

⑤ 约束系统采用被动式下肢约束系统与新的弹道式上肢约束系统的组合。两者都采用"被动式"设计,不需要乘员任何的约束/松开动作。

⑥ 该座椅采用的是增强型稳定伞和降落伞回收系统设计。

3. 装备机种

JSF 联合攻击战斗机(F-35)。

4. 研制单位

马丁·贝克飞机公司。

2.1.19　MK16L 弹射座椅

设计 MK16L 型弹射座椅(见图 2-22)是为了最大限度地提高初级教练机的救生能力。这种座椅结构简单,易于维护,因座高范围可调,因而是完全独立的全自动弹射系统,在世界初级教练机市场极具竞争力,可适应更广泛的空勤人员。

图 2-23 所示为 MK16L 弹射座椅在零高度-零速度状态下从 NASAT-38 座舱弹射。

图 2-22　MK16L 弹射座椅

图 2-23　MK16L 弹射座椅在零高度-零速度
状态下从 NASAT-38 座舱弹射

1. 主要性能指标

① 速度:0～833.94 km/h(0～450 n mile/h 当量空速)。

② 高度:0～10 668 m(0～35 000 ft)。

③ 安装质量:47.6 kg。

2. 主要技术特点

① 根据座舱安装的要求或是飞机其他具体参数要求,MK16L 弹射座椅提供以下选择或调节的可能:

　a. 座椅与飞机的连接形式可选择;

　b. 座椅高度可根据乘员身体调节;

　c. 飞机座舱盖清除系统和指令弹射系统的接口可改变;

　d. 提供整体式应急供氧系统;

　e. 可调节座椅操纵装置以符合座舱布局定位;

　f. 飞行服或椅装背带约束系统可供选择;

　g. 救生物品可供选择。

② 椅盆升降采用 115 V 直流或 28 V 交流电动升降机构来调节座高,以使乘员眼位基准点最佳。

③ 在座椅加速度特性、稳定性、轨迹可预测性和减轻开伞载荷方面已进行了重大改进。

④ 该座椅配备了一种简单的腿箍限制系统。

3. 装备机种

JPATS、T-38 教练机和韩国的 KTX-1 教练机。

4. 研制单位

马丁·贝克飞机公司。

2.1.20 MK16LS 弹射座椅

MK16LS 弹射座椅是 MK16L 座椅的加强型,结构更轻巧。产品最初定名为 16I.HS(16 轻型高速),后来为了方便,简写为 16LS。它是一种高速弹射座椅,其主要满足超声速歼击机、高级教练机及战斗机改进/改型市场需求。MK16LS 座椅的安全救生包线符合 MIL-S-9479B 和 MIL-S.18471F 的规定。

1. 主要性能指标

① 速度:0~1 111.92 km/h(0~600 n mile/h 当量空速)。

② 高度:0~15 240 m(0~50 000 ft)。

2. 主要技术特点

① 具有全自动的座椅弹射系统,无须依靠飞机输入信号来完成其救生功能。

② 电动机乘员坐高调节机构,将飞行员定位在设计眼位。

③ 设有腿箍限制系统,并增设伸出椅盆前缘的护腿装置。

④ 采用新型 G 值控制器代替电子程控器,以降低成本。

⑤ 性能包线从 741.28 km/h(400 n mile/h)扩大到 1 111.92 km/h(600 n mile/h),采取了四项改进措施:

a. 把稳定伞改装成较小的 MK16A 型稳定伞;

b. 对火箭包推力线稍作调整;

c. 加长护腿装置;

d. 为时间控制机构增装一个简单的 G 值控制器。

⑥ 弹射通道清除方式:

a. 可以直接穿盖弹射;

b. 座椅的舱盖切割器和抛盖火箭系统相配合;

c. 现有的抛盖系统和指令弹射系统相配合。

⑦ 能满足 MIL-S-810D 规定的极恶劣环境要求,包括盐雾、砂尘、热、冷和冲击。

⑧ 模块结构设计具有极好的维护性。

⑨ 简化设计和工作零部件及座椅信号系统关键部件余度设计,提高了可靠性。

⑩ 具有最佳的乘员视界、舒适性及操纵性的人机工程设计。

3. 装备机种

高级教练机和超声速歼击机。

4. 研制单位

马丁·贝克飞机公司。

2.2　固定翼飞机弹射救生装备——美国篇

2.2.1　先进概念弹射座椅 ACES Ⅱ 发展史

1966 年	先进稳定型弹射座椅——ASES。
1968 年	先进概念弹射座椅——ACES Ⅰ（研发），MIL-S-9479A。
1971 年	先进概念弹射座椅——ACESⅡ，MIL-S-9479B。
1972 年	先进概念弹射座椅——ACES Ⅱ，按照美国空军规范鉴定合格。
1975 年	RockweⅡ公司选择 ACESB-Ⅰ座椅用于 B-1A 飞机，美国空军竞争采购。
1976 年	麦克唐纳·道格拉斯公司 ACES Ⅱ（先进概念弹射座椅），斯坦泽尔公司 SIIIS 弹射座椅。
1976 年 11 月	美国空军选择 ACES Ⅱ 作为标准型弹射座椅，1977 年 9 月首批 ACES Ⅱ 产品交付。
1978 年 8 月	首次使用 ACES Ⅱ 弹射成功。

2.2.2　美国高性能弹射座椅研发——ACES Ⅱ CMP 计划

虽然 ACES Ⅱ 弹射座椅在低速弹射时享有盛誉，但是在高速弹射时常出现重大和致命的损伤。同时，随着美国空军允许身材矮小、体重较轻的空勤人员驾驶装有 ACES Ⅱ 弹射座椅的飞机，且扩大后的空勤人员范围超出了最初座椅鉴定极限范围，从而导致损伤概率增大。诸上因素，需对 ACES Ⅱ 弹射座椅进行改进。图 2-24 所示为 ACES Ⅱ CMP 计划改进座椅。

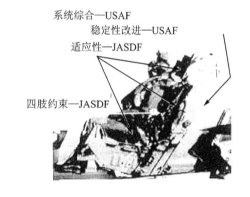

图 2-24　ACES Ⅱ CMP 计划改进座椅

1. 主要性能指标

① 座椅性能包线：

速度：0～1 297 km/h（0～700 n mile/h 当量空速）；

高度：0～18 288 m（0～60 000 ft）。

② 动态压力：0～3.629 kg/cm²（0～8 lb/in²）；

③ 空勤人员体重范围：48～111 kg（103～245 lb）（裸重）。

2. 主要技术特点改进要求

① 与主要的产品技术规范和座椅包线要求相适应；

② 与 CMP（Cooperation Modification Project，合作改进项目）的改进相协调；

③ 无需特殊的安装工具；

④ 不影响正常的维护工作；

⑤ 安装时间少于 2.5 h；

⑥ 保持原有的可靠性要求；

⑦ 最低的重新鉴定要求；

⑧ 符合 111 kg(245 lb)大体重空勤人员的要求;

⑨ 0~1 112 km/h(0~600 n mile/h 当量空速);

⑩ 动压为 0~3.629 km/cm²(0~8 lb/in²);

⑪ 16g 的火箭弹射器加速度;

⑫ 安全系数为 5 的极限载荷。

3. 座椅结构

选择的三种加强结构方案如下。

(1) 中央弹射手柄座椅结构的改进方案

该结构由两块安装在侧梁/前梁连接处两侧并且用高强度螺栓固定在一起的钢板组成;另外,还包括一个插入到下部护腿装置内部的加强板。

(2) 旁侧弹射手柄座椅结构的改进方案

该结构改进包括对弹射手柄连杆机构、扭力管和相邻侧梁结构的重新设计。其中,扭力管是用一根将载荷传输给侧梁结构上的专用管子代替;弹射手柄连杆机构包括一个插入到左右小腿护腿装置里面的加强板。

(3) F-16 飞机座椅中央弹射手柄结构的改进方案

F-16 飞机座椅中央弹射手柄结构改进即对椅盆结构进行了重新设计。改进设计包括用加工成型的面板代替现有的金属薄侧板和前面板;用高强度螺栓替换现有的侧梁调节片。同时,新设计的椅盆需在 1 112 km/h(600 n mile/h 当量空速)下进行鉴定试验,但所设计的零部件需承受 1 300 km/h(700 n mile/h 当量空速)下的弹射。

4. 稳定系统

① 改进的稳定伞(ACES Ⅱ FAST 稳定伞)与标准 1.52 m(5 ft)名义直径半球形高速稳定伞伞衣一样。不过,标准尼龙伞衣的主体部分已被用凯夫拉和吊带组合而成的整体式连接带组件所替代,以减轻重量和减小体积。该稳定伞单独包装在一个铝制伞箱内,而安装位置与标准型稳定伞相同。

② 牵引火箭(符合稳定系统改进要求的最佳方案)通过一根短钢索拖绳来装置,这不仅会降低最大开伞动载,而且也会降低最大 MDRC 值。

5. 四肢约束系统

(1) 限臂装置

① CMP 限臂装置最初采用随座椅上移而展开的网。但是 CMP 系统分析得出高速吹袭力和大摩擦/机械损耗是与高速性能不匹配的原因,因而最终采用约束臂部运动的可充气气囊来代替 CMP 网。

② 使拉梭装置与限制臂部运动的侧网相结合(不实际)。

(2) 限腿装置

约束系统上安装限腿侧板。

6. 装备机种

F-22。

7. 研制单位

Goodrich 公司/UPCO 负责 CMP 计划中座椅稳定性改进和系统综合,日本空军自卫队(JASDF)负责 CMP 计划中乘员适应性改进和四肢约束系统。

8. 研制时间

20 世纪 90 年代末—2004 年。

2.2.3　美国高性能弹射座椅研发——CREST 计划

为了研制 20 世纪 90 年代的新型弹射救生装置,以满足现时和未来高性能战术飞机(AFT)的要求,美国空军于 1984 年 5 月分别与波音军用飞机公司和麦克唐纳·道格拉斯飞机公司签订了一项研制计划,即 CREST 计划。该计划的宗旨是研制一些关键性的救生技术以减少未来飞机弹射中乘员的死亡和重大损伤。该计划大致分为四个发展阶段:第一阶段完成系统设计评审;第二阶段进行初步设计评审;第三阶段进行详细设计和分系统试验,完成关键设计评审;第四阶段进行整个系统验证试验。正式的技术工作从 1989 年开始,原预计 1994 年或 1995 年开始投产,但据报道此项计划已取消,不打算生产。这是因为用先进技术研制的弹射座椅可能不仅价格昂贵,而且还很笨重,其生产型成本可能比美国海军通用座椅高一个数量级,重量至少是美国海军通用座椅的 2 倍。

CREST 计划验证的关键技术包括:高速气流吹袭防护装置;自适应约束系统;可选择推力/姿态控制的火箭;可控推力的弹射器;数字飞行控制(控制器/程序器)和先进的传感器。至此,该计划已经成功地完成了 6 个子系统的验证试验,并为全尺寸系统试验提供了工程数据。CREST 计划的目的不是生产弹射座椅而是促进救生技术的进步。CREST 计划还为为期五年的第四代救生技术验证打下了基础。

目前,尽管 CREST 和第四代计划已经停止,但 CREST 项目组仍在继续工作并不断地探究座椅设计的更大潜力。

图 2 - 25 所示为 CREST 计划座椅的左后视图。

1. 主要技术特点

(1) 进一步扩大性能包线

根据计划,CREST 座椅将突破 1 200 km/h 的速度极限,使敞开式座椅的性能包线扩大到 0～1 300 km/h,最大 Ma 为 3,最大速压为 80 kN/m²。同时,还将大幅提高低空不利姿态下的救生能力。

(2) 采用连续控制技术

用于救生系统的性能包线不断扩大,高低速开伞的矛盾日趋尖锐。目前的弹射座椅一般采用多态控制技术,虽然在一定程度上解决了这一矛盾,但还存在着不足。为了克服这一缺点,CREST 计划采用了连续控制技术,其优点如下:

① 弹射速度和高度函数的时间延迟可以无限制地变化;

图 2 - 25　CREST 计划座椅的左后视图

② 飞行状态的延迟可以自动调节到合适量值;

③ 弹射重量函数的时间延迟可自动调节到合适量值;

④ 大气环境温度函数的时间延迟可以自动调节到合适量值;

⑤ 减速稳定伞工作状态函数的时间延迟可以自动调节到合适量值。

(3) 推力矢量控制系统

CREST 计划采用双管可变推力的弹射器和两个全轴向可变推力的火箭助推装置,即推力矢量控制系统。其推力是通过控制弹射和火箭助推推进剂燃烧的特性来控制的,而改变推力方向是利用改变火箭助推装置喷管的方法来实现的。火箭助推装置的最大推力为

5 116.8 N,燃烧时间为 0.5 h。

另外,为了控制座椅滚转/俯仰状态下的稳定性,在 CREST 计划中,头靠上装有反推力喷嘴,每个喷嘴的推力为 4 449 N,工作时间为 1.5 h。

(4) 提供各种生命威胁程度评估所要求的数据

为了正确评估弹射座椅在各种不同的弹射状态下对乘员生命所产生的威胁程度,CREST座椅装有一个能够连续工作的捷联式惯性传感装置和一个安装在飞机上的无线电高度表。捷联式惯性传感装置始终可以提供座椅下沉率和横滚角等参数。无线电高度表可以在弹射启动后 6～7 s 以内提供地面高度信息,这样座椅控制机构在弹射启动后 10 s 内就可以提供进行各种生命威胁程度评估所要求的数据。

(5) 独特的高速气流防护措施

为了满足 1 300 km/h 高速弹射的要求,CREST 计划采取如下措施:

① 上、下躯干的火药强制约束系统;

② 头、颈部和上躯干的滞止流防护栅板;

③ 被动式限臂网;

④ 限腿带;

⑤ 充气式抬高腿部软垫;

⑥ 限脚板。

其中滞止流防护栅板是 CREST 计划的一项关键性技术。它把高速气流的动压阻滞为压力分布均匀的静态压力,使飞行员免受气流吹袭的伤害。

(6) 新型的试验设备

CREST 计划中有两项引人瞩目的工作,即多轴向的弹射座椅滑车(MASE)和先进的动态模拟假人(ADAM)的研制。MASE 试验装置是带有 F-16 前机身的一种特殊的滑车。这种滑车允许机身在不同的俯仰、横滚和偏航角度下进行定位,以便根据需要提供各种试验环境。

为了准确地模拟乘员的动态惯性反应,莱特-帕特逊空军基地的航空航天医学研究室研制了一种先进的动态模拟假人(ADAM)。这种模型不仅可以用来研究人体对冲击加速度的动态响应,而且还可以评价高速气流防护装置约束系统的性能。

(7) 通用性和系列化

通用性和系列化是目前救生系统的设计目标之一,实现这个目标不仅可以降低座椅的生产成本,而且还可以使乘员的使用更加方便,减少由操作失误而引起的不必要的伤亡。

CREST 座椅的设计目标不仅要代替美国空军现役的 ACES Ⅱ 型标准座椅,而且还要代替美国海军的 NACES 座椅,同时还要进一步安装在美国正在研制的先进战斗机上。

2. 研制单位

波音公司。

3. 研制时间

1984 年。

2.2.4 第四代应急离机系统技术验证计划

第四代计划是一项始于 1993 年 2 月的五年计划,该计划的首要任务是验证推进器、飞行控制及高速防护技术。推进器采用一种可控推进系统,在高速状态下能使座椅和乘员保持稳定;在低速不利姿态条件下弹射时能推动座椅和乘员远离地面。高速防护的要求则是验证在 1 300 km/h(700 n mile/h 当量空速)下的安全应急离机。该计划包括在 0～1 300 km/h(0～

700 n mile/h 当量空速)下的一系列弹射试验中可控推进器和高速防护装置的验证。

图 2-26 所示为第四代弹射座椅的零速度弹射试验。图 2-27 所示为第四代弹射座椅的侧面机构视图。

图 2-26　第四代弹射座椅的零速度弹射试验

图 2-27　第四代弹射座椅的侧面机构视图

1. 主要技术特点

由波音公司开发的第四代应急救生系统以 ACES Ⅱ 型弹射座椅作为试验工具。这种座椅经过改型,把由 4 个按 H 形分布的探针喷管组成的 Aerojet 固体推进可控推进系统一体化了。电子设备和控制系统运用的是现行商品元件。导航和控制装置(GCU)是早期的 JDAM 计划导航装置的改进型。GCU 包括:导航计算机、电子模拟系统、电启动器(PIMS)和一个 Honeywe Ⅱ 惯性测量装置(IMU)。其他椅载电子设备包括:两个驱动四个机电式探针制动器的发动机控制器;一组用作电子设备和控制系统的电源的铅酸蓄电池;一个作为推进系统电源的热电池。

GCU 安装在座椅椅盆的右前部位,椅盆底部开有一个孔以便为 IMU 安装提供空间。座椅的结构经过改进,可以容纳 H 形发动机的中心部分,座椅上的几个凸台用来将喷管安装在座椅的顶部和底部。头靠伞箱里装有一个标准的 C-9 型 28 ft 的伞衣,以及一个用于减速的 ACES-Ⅱ 型快速稳定伞,其两根连接绳安装在座椅的背面。为了防止被喷口的羽烟烧坏,头靠伞箱和稳定伞都用防护材料覆盖。防护组件包括一个用以减轻头部载荷的帽边式组件、臂和腿部的约束组件以及一个用以避免气流吹袭的抬膝装置。一个改进的 C-9 伞衣装在一个模型化伞袋里与座椅的配置元件相连,以便于座椅的回收。在座椅启动之前,首先触发电子控制系统的电池给 GCU 供电,使之可以进行自我检测并调整导航系统。改进型的 CKU-5 火箭弹射器点火之后,推动座椅沿滑轨运动。沿滑轨运动 20 in(508 mm)后,切断一条切割线,从而发出信号启动推进系统。在导向轮脱离滑轨座椅处于自由飞行状态时,发动机处于正常的工作压力状态。

一旦处于工作压力状态,探针控制回路就要关闭。由各个喷管产生的推力来控制座椅的姿态和轨迹。推力系统依据传感器反馈的信息来维持恒定发动机的压力。导航系统通过对取自 IMU 的加速度和角速度进行积分求出座椅的位置和姿态。为增加高度或防止气流吹袭,座椅依靠速度矢量进行调整。在发动机熄火前,把座椅调整到与稳定伞/救生伞呈合适的直线状态。一旦速度下降到 220 km/h(113.08 m/s),救生伞就打开。

2. 设计方法

由于该计划的关键技术是推进技术和防护技术,因此,在进行初步设计时,为其他系统选择低风险的"现成"技术。

验证系统的主要部件包括：

- 推进系统：利用推力调节矢量控制的四个固定式推进器。
- 防护装置：
- 上肢约束系统(ACES-Ⅱ/F-22)。
- 下肢约束系统。
- "帽边"式头部防护装置。
- 限腿带。
- 弹射器：ACES Ⅱ座椅的火箭弹射器的弹射筒部分。
- 飞行控制系统：单通道数字式计算机，即麦道公司的低成本核心制导计算机(LCCG)。
- 传感器：用于导航的惯性测量装置(IMU)。
- 座椅结构：改进型 ACES Ⅱ座椅。
- 气动稳定装置：F-22飞机上用的 ACES Ⅱ改进型 FAST 稳定伞；救生伞：ACES Ⅱ用的 C-9 救生伞。
- 基础座椅系统：ACES Ⅱ/F-16 座椅结构的改型。

3. ACES Ⅱ试验载体

该计划采用的基本型座椅是装在 F-16 飞机上的 ACES Ⅱ座椅。改型后的这些座椅不仅适应新的技术系统，而且满足其他计划要求。要保留、更改、替换或删除的 ACES Ⅱ系统部件说明如下：

① 保留的部件：
- 救生伞；
- 背带释放系统；
- 火箭弹射器的弹射筒部分。

② 更改的部件：
- 座椅结构；
- 惯性卷筒。

③ 替换的部件：
- 椅盆；
- 稳定伞(用 F-22 飞机上的 ACES Ⅱ座椅的稳定伞替换)；
- 下腹带。

④ 删除的部件：
- 火箭弹射器的火箭部分；
- 回收程序机构和环境传感器；
- 陀螺微调火箭俯仰稳定系统；
- 折叠式皮托管；
- 点火控制系统；
- 救生包。

4. 座椅的主要部件更改

① 椅盆结构：更改后的椅盆结构适应腿部防护系统。

② 椅盆：椅盆用铝板座面替换。铝板座面也是腿部防护的一部分。

③ 椅背结构：经过重大更改后的椅背结构适应可控推进装置。椅背侧向有孔，以便安装

发动机横向导管。同时,改型后的椅背上下部分可用来连接 4 个探针发动机壳体。

④ 火箭弹射器:采用 CKU-5 火箭弹射器的弹射筒部分,但不采用火箭部分。这样可对 CKU-5 外壳进行修改,以便向可控推进横向导管提供安装空间。

⑤ 稳定伞:用 F-22 飞机上的 ACES Ⅱ 座椅的 FAST 稳定伞系统替换标准型稳定伞系统。

稳定伞系统比标准型 ACES Ⅱ 稳定伞系统打开得快,这样有助于提供从推进到气动稳定的平稳转换。同时,稳定伞向外安装在座椅的后面,由此,可为推进系统横向导管和新技术系统的其他部件提供内部空间。

5. 研制单位

波音公司和美国空军、海军。

6. 研制时间

从 1993 年开始。

2.2.5 ACES 系列弹射座椅的数字式程序控制装置

目前,美国空军 ACES 系列弹射座椅采用的仍然是模拟式程序控制装置,即 A114520 程序控制装置。这种模拟程序控制装置是 20 世纪 60 年代设计的。其基本的工作原理是根据环境传感器感受到的弹射座椅空速和高度信息来选择弹射模式和弹射(开伞)时间。空速是根据全压和静压之差的 A(速压表)确定,高度由静压所确定。环境传感器上的压力开关的打开或关闭是依据皮托管和静压孔上全压和静压读数来确定,而程序控制装置则根据这些开关的打开或关闭位置来确定有关的工作模式。随着现代战斗机性能的不断提高,对弹射救生系统的要求也越来越高,尤其是 ACES Ⅱ 型弹射座椅的模拟式程序控制装置,在一定程度上制约着弹射救生性能的改善和提高。对此,美国空军及有关弹射座椅研制厂家一直进行着不懈的努力。

1. 先进的程序控制装置(ARS)方案

1981 年,美国空军一架装备 ACES Ⅱ 型弹射座椅的 A-10 飞机在执行任务时坠毁,致使飞行员死亡。为此,有关部门成立了专门的事故调查委员会。事故调查结果发现,该飞机在坠毁时处于不利的飞机姿态,其救生伞的展开和回收高度不能适应安全救生的要求,也就是说已超出当时 ACES Ⅱ 型弹射座椅的性能包线。计算机模拟也表明,如果降落伞(救生伞)能够及早打开的话,飞行员获救的可能性是比较大的。事故调查委员会一致认为 ACES Ⅱ 型弹射座椅应该扩大其低空、中高速弹射的救生性能包线,并建议美国空军制订计划,为 ACES Ⅱ 型弹射座椅设计和研制一种新型的程序控制装置。于是,时隔不久,先进的程序控制装置(Advanced Recovery Sequencer,ARS)方案就应运而生了。1984 年,美国道格拉斯公司与 Hisheat 公司开始正式实施该方案。

与原来的模拟式程序控制装置相比,先进的程序控制装置(ARS)采用微处理机和固定压力传感器作为主要部件,弹射时,可以确定实际的高度和速度,并在整个状态的包线内,使主伞打开的时间为最佳。在 ACES Ⅱ 型弹射座椅的原模拟程序控制装置上,稳定伞系统、陀螺微调火箭稳定系统、发散火箭、救生伞系统、稳定伞释放系统和背带释放系统的作动是按照弹射时的初始环境状态进行控制和定时的。弹射座椅上装有独立的环境传感器,该传感器将所感受到的环境信息传递给程序控制装置,然后程序控制装置再根据这些信息确定弹射模式和开伞时间。通常程序控制装置将救生包线分为三种状态进行工作。比如美国 F-15 和 F-16 战斗机上的程序控制装置就是根据环境传感器所输入的环境信息,在所设置的三种状态中选择合适的工作状态。当选择状态1时,救生伞在程序启动后37 ms时展开;选择状态2时,救生伞延迟1 s展开;选择状态3时,系统延迟到进入状态2范围后,再延迟1 s才能展开救生伞。状态2中的1 s延迟是根据在最大速度时乘员所能承受的最大允许开伞载荷且回收时间又最短的原则来确定的。如果按照高速状态选择延迟时间,那么在小于最大速度弹射时所获得的延迟时间会比实际需要延迟的时间长,也就是说,由于采用了固定的延迟时间,所以,救生伞往往会在需要提前打开的时候不能及时打开而延误安全弹射时机。

为了改变ACES II型弹射座椅在状态2中的性能包线,先进的程序控制(ARS)方案采用了可变的延迟时间,这样可以使救生伞在整个状态2的性能包线内确定最短的开伞时间,同时先进的程序控制装置将状态2划分成四个子状态,从而可以更精确地控制开伞时间。

先进的程序控制装置的部分设计准则如下:

① 在状态2中,具有可变开伞定时功能,以便使系统性能达到最佳;

② 直接取代原有的程序控制装置,包括已改型的产品;

③ 新设计的先进的程序控制装置应该具有自检(BIT)能力;

④ 具有装备飞行数据记录仪;

⑤ 采用容错技术;

⑥ 具有更高的可靠性和维护性。

先进的程序控制装置设计有两套独立的余度操作系统,每个系统都配有电源、微型控制器、模拟数字转换器(ADC)、压力变换器、军械电路和其他辅助电路。该系统上有三个交叉通道,即稳定伞伞枪点火信号装置、空速管压力变换器和基础压力变换器三个通道。先进的程序控制装置的一个主要的优点是如上文中所述的可以直接替换原有的模拟式程序控制装置,不会因为安装该装置而需要对ACES系列的弹射座椅进行任何改动,安装时只需拆除原有的程序控制装置和环境传感器,然后用先进的程序控制装置和一个压力接嘴代替即可。先进的程序控制装置方案已在20世纪90年代顺利地通过了各种可靠性和环境鉴定试验以及在霍洛曼空军基地进行的火箭滑轨试验,但由于多方面的原因,未能投入生产。

2. 数字式程序控制装置(DRS)方案

先进的程序控制装置方案终止以后,1999年F-22EMD座椅在进行滑轨试验时由于状态模式分离而导致了试验的失败。因此,人们对ACES系列弹射座椅的程序控制装置重新进行了评估。评估认为,现有的程序控制装置存在着装机寿命短,好多电子零部件需要淘汰报废,不能灵活地适应座椅安全性改进,以及当弹射座椅的空速接近于交界点需要同时选择模式1和模式2时的平稳过渡等方面的不足。另外,根据目前的情况判断,ACES II型弹射座椅很可能还要服役20~30年,而且由于现时的程序控制装置采用的是模拟电路,如不彻底地更换内部电子零部件,就无法适应目前弹射座椅安全设备的技术发展要求,于是对程序控制装置进行必要的改进,采用当代的新技术研制新型的程序控制装置来替换现时的程序控制装置就显得更加迫切。因此,美国空军/联合方案办公室(USAF/JPO)又专门制定了数字式程序控制装置方案。该方案的主要目的是设计和鉴定一种数字式程序控制装置来替换目前在ACES系列弹射座椅上服役的模拟程序控制装置。数字式程序控制装置方案由古德里奇-宇宙动力公司(Goodrich-UPCO)和美国空军/联合方案办公室负责,并于2001年11月初正式启动实施。

(1) 数字式程序控制装置的第一阶段

第一阶段方案的主要目标是根据市场的规模确定数字式程序控制装置的结构形式,初步确认一些可能的供应商,并在预计的市场规模和成本的基础上向美国空军/联合方案办公室(USAF/JPO)推荐一个可供选择的进入第二阶段的供应商。第一阶段方案的另一个目标是完成数字式程序控制装置的设计、零部件鉴定和系统滑轨试验,从而确定第二阶段方案。第一阶段确定的数字式程序控制装置不仅要保留原有程序控制装置的性能,同时还要克服其操作、可维护性、生产率及其发展方面的不足和局限性。

第一阶段方案主要包括下列几个方面的内容:

a. 索取资料(RFI)和供应商现场调查勘察工作;

b. 招标(RFD)工作;

c. 第二、三阶段方案计划,SOW,进度表和成本估算;

d. 最终报告。

索取资料和现场调查勘测工作在 2002 年 6 月完成。索取资料主要是为了评估制造能力,从而确定数字式程序控制装置的初步结构布局。根据 RFI,基本型的数字式程序控制装置将包括如下要求:

① 独立的动力系统和电子模块;

② 可以拆卸的电缆组件(P-引线),每架飞机一套;

③ 数字式电子零部件;

④ 按照 RTCADO-178B,A 级高级语言编写的软件;

⑤ 无救生数据记录器(Survivable Data Recorder);

⑥ 从现有环境传感器系统上输入的空速和高度值;

⑦ 7 个点火器接口;

⑧ 不需要外部试验接头;

⑨ 应配备机械式动力消耗指示灯;

⑩ 未来产品改进措施;

⑪ 无需拆卸电子模块或电缆组件就可以拆卸动力模块。

招标工作在 RFI 后接着进行,并于 2002 年 11 月结束。通过招标及其有关的配合行动,对数字式程序控制装置进行了进一步的优化处理。新的数字式程序控制装置的结构形式是在 RFI 后确定的原型基础上设计的,并作了如下更改:

a. 增加了救生数据记录器;

b. 在电子模块内部增加单独的一组 3 个加速度表,以便满足数据记录的要求;

c. 增加了 7~12 个点火器接口;

d. 增加了外部试验接头,以便提高现场数据下载能力;

e. 拆除机械式动力消耗指示灯。

第一阶段向第二阶段的过渡:

第一阶段的主要工作是评估设计要求、制造能力、成本和可能的供应商。第一阶段的工作已于 2003 年 3 月完成。第一阶段的工作达到了方案预定的目标,确定了数字式程序控制装置的结构形式和两个可能的供应商,同时还完成了第二阶段和第三阶段必需的方案计划。第一阶段的工作结束后,发现用于第二阶段数字式程序控制装置设计和鉴定工作的现有经费不足,不能满足完成第一阶段方案中规定的工作要求。由于经费的限制,不得不对数字式程序控制装置作了修改评估,使其既能降低成本,同时又能满足最初的设计和性能要求。根据该要求的评估,为数字式程序控制装置制定了如下要求:

① 数字式程序控制装置在低温环境条件下的工作温度由-65 °F 改为-40 °F。

② 所需提供的点火器接口从 12 个减少到 8 个。

③ 要求提供的可拆卸的电缆组件用可以选择的固定或可拆卸的电缆组件代替。

④ 软件研制标准由 RTCADD - 178B 更改为目前已经批准的军用软件标准 IEEE/EIA · 12207。

⑤ 动力模块已改成使用 MXU - 792A/A 热电池组作为其设计的基线。

更改低温条件下的工作温度是美国空军/联合方案办公室与有关的飞机系统方案办公室(SP0)协调后做出的决定。他们一致认为降低低温环境条件下的工作温度是可行的,不会对 ACES 系列弹射座椅的性能产生不利的影响。降低低温环境要求的有利之处是可以用比较容易采购的商用标准电子零部件代替更为昂贵且较为稀缺的军用标准零部件。点火器数量的减少是为了满足现有 ACES 系列型弹射座椅的要求。更改为可以任意选择固定或可拆卸的电缆组件是为了给将来可能的供应商在设计方面提供更大的灵活性。动力模块的改进是为了使用 MXU - 792A/A 热电池作为其设计的基线,以便提高程序装置动力供应机构在使用过程中的通用性,从而达到降低采购和后勤保障的成本费用的目的。除了上述技术更改以外,为了约束成本,第二阶段方案中设计和零部件鉴定的时间已经缩减到 12 个月。

(2) 数字式程序控制装置的第二阶段

根据上述的第一阶段和第二阶段过渡期间所做出的更改以及美国空军/联合方案办公室的其他方面的要求,对数字式程序控制装置又进行了改进;同时,还对工作单、进度表和成本估算等进行了修改,以反映其工作范围和实施时间的变化。

为了更进一步节省数字式程序控制装置方案的成本,宇宙动力公司决定从内部资助第二阶段数字式程序控制装置的设计工作,而美国空军/联合方案办公室则为数字式程序控制装置的鉴定工作提供资金,从而使数字式程序控制装置方案能够按照原计划得以顺利实施。

数字式程序控制装置方案的第一阶段的工作已于 2003 年 3 月完成,第二阶段的工作于 2003 年第四季度正式实施。第二阶段工作的实施时间从合同开始实施之日到新的数字式程序控制装置的鉴定工作全部完成总共需要 20 个月。根据单独的生产合同,数字式程序控制装置的生产将在所有鉴定程序完成之后,也就是说在 2005 年左右正式投入生产。

可以相信,如果数字式程序控制装置能够按照方案的计划研制成功并顺利地投入使用,那么 ACES 系列弹射座椅,尤其是 ACES Ⅱ 型弹射座椅,无论在其性能包线还是在总体性能方面都会有一个新的突破。

2.2.6 ACES Ⅱ火箭弹射座椅

麦克唐纳·道格拉斯公司研制(现由 Goodrich 公司生产)的先进概念型弹射座椅(ACES Ⅱ)是美国空军历史上最成功的弹射救生装置。自 1978 年交付使用以来,ACES Ⅱ 弹射救生装置已拯救了 500 多名飞行员的生命。

图 2-28 为 ACESⅡ弹射座椅结构图。

1. 主要性能指标

① 座椅性能包线:

速度:0~1 112 km/h(0~600 n mile/h 当量空速),不利姿态满足 MIL - S - 9479B 的要求。

高度:0~18 290 m(0~60 000 ft)。

电子程序:在各高度和空速状态下提供最佳性能,具有最低的救生高度和最小的损伤概率。

② 空勤人员适应范围:

第 5 百分位数~第 95 百分位数,63.5~95.25 kg(140~210 lb)(裸重)。

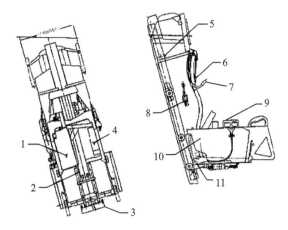

1—稳定伞伞室；2—火箭弹射器；3—座高调节机构；4—回收装置；
5—程序启动开关拔杆；6—降落伞接头符合空军背带系统 PCU - 15P；
7—氧气接头符合 CRU - 60/P 接头；8—惯性卷筒；
9—肩带释放手柄；10—接 MIL - S - 9479B 设计的座椅参考点；
11—程序启动开关机构

图 2 - 28　ACES Ⅱ 弹射座椅结构图(装备 A - 10/F - 15 飞机)

③ 座椅宽度：50.8 cm(20 in)。

④ 装机质量：87 kg(191 lb)。

⑤ 座椅：61 kg(134 lb)。

⑥ 火箭弹射器和作动器：12 kg(27 lb)。

⑦ 便携式救生包：14 kg(30 lb)。

2. 主要技术特点

① 具有多种工作状态以在救生包线内提供最佳性能：

a. 状态 1(低空/低速)——在速度低于 463 km/h(250 n mile/h 当量空速)和高度低于
4 572 m(15 000 ft)状态下弹射时选用；

b. 状态 2(低空/高速)——在速度高于 463 km/h(250 n mile/h 当量空速)和高度低于
4 572 m(15 000 ft)状态下弹射时选用；

c. 状态 3(高空)——高度高于 4 572 m(15 000 ft)状态下弹射时选用。

② 陀螺微调火箭俯仰稳定系统(STAPAC)用于低速状态下稳定人/椅系统(燃烧时间约
0.3 s)。

③ 采用独立的救生状态传感装置选择救生状态。

④ 采用精确定时的电子装置控制各种工作模式。

⑤ 半球形稳定伞用于高速稳定和减速。

⑥ 射伞炮打开救生伞用于乘员下降着陆。

⑦ 伞衣收口以使开伞性能最佳。

3. 有效的余度设计

有效的余度设计用于弹射启动、救生伞展开、稳定伞展开、弹射筒点火、人/椅分离、稳定伞
释放、电子程序控制程序、救生伞收口、STAPAC 启动。

4. 可维护性

符合 MIL - STD - 785A。

5. 安全性

符合 MIL - STD - 882A。

6. 设计符合 MIL - STD - 9479B 装备机种

美国的 F - 16A/B/C/D、F - 15A/B/C/D、F - 22、YF - 22、B - 1B、B - 2、A - 10、F - 117 飞机和其他 16 个国家的 F - 16、F - 15 飞机。

7. 研制单位

Goodrich 公司。

备注：ACES Ⅱ 弹射座椅最初由麦道公司研制、生产，但波音公司于 1997 年 8 月同麦道公司合并后又于 1999 年将 ACES Ⅱ 弹射座椅生产线卖给 UPCO 公司。而早在 1998 年 10 月 UPCO 公司就正式成为 Goodrich 公司的安全系统分部。

8. 研制时间

20 世纪 60 年代末期设计，70 年代初期鉴定合格。

2.2.7 ACES Ⅱ PLUS 火箭弹射座椅

为了适应高性能飞机发展的需要，麦克唐纳·道格拉斯公司对美国空军标准弹射座椅（ACES Ⅱ）进行了改型设计。改型设计的重要目的就是扩大救生性能包线，把最大速度扩大到 1 300 km/h(700 n mile/h 当量空速)，最大高度扩大到 21 336 m(70 000 ft)。同时，减少了座椅维修时间和成本。

图 2 - 29 所示为 ACES Ⅱ PLUS 弹射座椅。

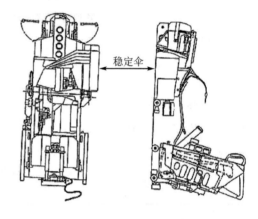

图 2 - 29　ACES Ⅱ PLUS 弹射座椅

1. 主要性能指标

① 速度：0～1 300 km/h(0～700 n mile/h 当量空速)。定型时只达到 1 112 km/h (600 n mile/h)当量空速)。

② 高度：0～21 336 km(0～70 000 ft)。

③ 座椅质量：60.781 kg(134 lb)＋7.711 kg(17 lb)＝68.492 kg(151 lb)。

2. 主要技术特点

① 为承受因为速度从 1 112 km/h(600 n mile/h 当量空速)增加到 1 300 km/h(700 n mile/h 当量空速)而增加的约 36％的动压力，加强了座椅的承力结构。虽然救生伞、背带约束系统、座椅调节以及弹射启动系统基本保持不变，但是电子程序控制装置、限臂机构、稳定减速伞和偏航稳定分系统以及座椅与飞机分离时的动态特性均做了些改进。

② 增加一个偏航稳定分系统(YAWPAC)。该系统由陀螺控制一个双通活门，以便提供一个偏航修正力矩来改善座椅的偏航稳定性及座椅与飞机分离时的动态特性(定型时未用)。

③ 采用 ACES Ⅱ 座椅的标准稳定减速伞，但去掉了牵引伞，增加了收口系统。

④ 采用先进的回收程序控制装置(ARS)来改善 ACES Ⅱ PLUS 座椅的中速弹射救生性能。

⑤ 增加限臂机构以保证飞行员正常进入飞机座舱和约束自己，而不需要额外的钩挂动作。

3. 装备机种

F - 22 飞机。

4. 研制单位

Goodrich 公司。

备注:ACESⅡ弹射座椅最初由麦道公司研制、生产,但波音公司于 1997 年 8 月与麦道公司合并后又于 1999 年将 ACES Ⅱ弹射座椅生产线卖给 UPCO 公司。而早在 1998 年 10 月 UPCO 公司就正式成为 Goodrich 公司的安全系统分部。

5. 研制时间

20 世纪 80 末到 90 年代初。

2.2.8 ESCAPAC 1C 火箭弹射座椅

ESCAPAC 1C 座椅是 20 世纪 60 年代中期在 RAPEC 火箭弹射座椅基础上改进而成的,具有零高度-零速度及 1 112 km/h 的安全救生能力。如果安装 90 kg 重的假人,该座椅能将人/椅系统推至 120 m 的高度。

1. 主要性能指标

① 速度:0~1 112 km/h。

② 火箭总冲量:907 N・s。

③ 燃烧时间:0.5 s。

④ 座椅总质量:68 kg(包括火箭弹射器、降落伞和救生设备)。

2. 主要技术特点

采用了稳定绳稳定系统和气囊式人/椅分离器。

3. 装备机种

美国的 TA - 4D、TA - 4E、A - 7A、A - 7D、RB - 57F、X - 22、XVA - 4、XC - 142 和加拿大的 CL - 84 等飞机。

4. 研制单位

波音公司。

备注:研制单位原为道格拉斯飞机公司。该公司于 1977 年 8 月与波音公司合并,现名为道格拉斯产品部,隶属于波音民用飞机集团。

5. 研制时间

1961 年研制,1964 年投入批量生产。

2.2.9 ESCAPAC lC - Ⅱ火箭弹射座椅

ESCAPAC 1C - Ⅱ火箭弹射座椅是 ESCAPAC 1C 火箭弹射座椅的改进型。该座椅具有零高度、速度 0~1 112 km/h 及高度 60 m 倒飞状态时的安全救生能力。

1. 性能特点

① 装有俯仰稳定装置(由陀螺微调火箭组成);

② 采用被动的腿限动器和乘员安全带系统、中央 D 形环、头靠伞箱;

③ 弹射时,采用射伞的方法保证救生伞在 2 s 内展开;

④ 装有气囊式人/椅分离器。

2. 装备机种

美国 F - 15、YA - 7H 和 A - 7 等飞机。

3. 研制单位

波音公司。

2.2.10 ESCAPAC 1C-7 火箭弹射座椅

ESCAPAC 1C-7 火箭弹射座椅是道格拉斯飞机公司为 F-15"鹰"式超声速空中优势战斗机的飞行员设计的全自动弹射座椅。

1. 主要性能特点

装有控制俯仰姿态的火箭装置和自动 G 值感应系统,以选择救生伞的适当延时。

2. 装备机种

美国 F-15 飞机。

3. 研制单位

波音公司。

2.2.11 ESCAPAC 1E 火箭弹射座椅

ESCAPAC 1E 火箭弹射座椅具有 0~833.58 km/h(0~450 n mile/h)速度范围内和低速不利状态条件下的安全救生能力。

图 2-30 为 ESCAPAC 1E 火箭弹射座椅构件图。

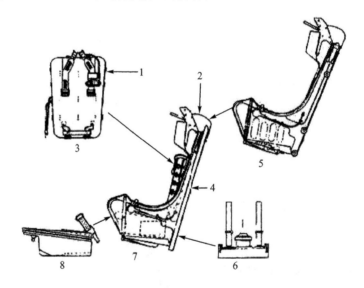

1—弹药组件安装;火箭弹射器;弹药-人/椅分离器;火箭-微调-俯仰稳定系统;燃气发生器-惯性卷带;燃气发生器-陀螺加速旋转;
2—延时器发生器;延时器弹药筒(GFAE);推进器-偏航-ESCAPAC;3—NES-12C 弹道组件;4—导轨;
5—座椅组件;6—电动升降机构;7—救生系统组件;8—救生包组件

图 2-30 ESCAPAC 1E 火箭弹射座椅构件图

1. 主要技术特点

① 采用了由一个火箭发动机和一个弹射发射装置组成的新型弹射器。这种新型火箭弹射器配有低冲量火箭发动机,能提供与高冲量火箭发动机同样的推力,减少了燃烧时间,减轻了重量。

② 装有 STAPAC 微调火箭俯仰稳定系统。

③ 人/椅分离系统由 0.3 s 延时器、背带分离作动器及人/椅分离火箭组成。整个系统由燃气启动,避免了因机械系统带来的偶然点火的危险。人/椅分离火箭的冲量为 441 N·s,使

座椅以 9～12 m/s 的速度上升,以减少分离后的人/椅碰撞和椅/伞缠绕。

④ 装有横向轨道发散系统。这种轨道发散系统是在座椅的左右各增加一枚小火箭助推器,使座椅向左或向右偏移以产生不同的轨迹。这样,避免乘员在伞完全张开后互相干扰。

2. 装备机种

美国海军 S-3A 的四座飞机、美国空军 A-9A 单座飞机。

3. 研制单位

波音公司。

2.2.12　ESCAPAC 1E-Ⅱ火箭弹射座椅

ESCAPAC 1E-Ⅱ火箭弹射座椅可后倾 30°。座舱盖是由加利福尼亚州西尔玛的西端星公司研制的多用碳酸盐塑料材料制成的气泡式舱盖。风挡和前舱盖为一个整体,由一个简单的支撑结构把前后舱盖分开。这种风挡/座舱盖新设计使视野达到周围 360°、两侧 260°、侧下方 45°、前下方 15°。

1. 主要技术特点

该座椅装有三套应急离机系统,分别是液压动作打开、爆炸螺栓抛掉和手动开锁。通常情况下,由液压作动打开舱盖,万一液压系统发生故障,爆炸螺栓就将座舱盖抛掉;假如前两套系统都有故障,飞行员可利用手动开锁,从而气流迫使座舱盖打开。

2. 装备机种

美空军 YF-16 飞机。

3. 研制单位

波音公司。

2.2.13　F-86 飞机弹射座椅

F-86 飞机弹射座椅(见图 2-31)是第一代弹射座椅。

图 2-32 为 F-86 飞机弹射座椅前视图和后视图。

(a) 前视图　　　　　　　(b) 后视图

图 2-31　F-86 飞机弹射座椅　　　图 2-32　F-86 飞机弹射座椅前视图和背视图

1. 主要技术特点

① 安装有座高调节器,可根据飞行员的身高上下调节座椅。

② 弹射时,应急氧气瓶启动后,飞行员使用右侧操纵手柄上推以抛掉舱盖,用左侧手柄拉紧肩带。

③ 飞行员与飞机的连接通过脚蹬之间的连接器自动断开。

2. 装备机种

F-86飞机。

3. 研制单位

罗克韦尔国际公司。

2.2.14 F-89J飞机弹射座椅

图2-33所示为F-89J飞机弹射座椅。

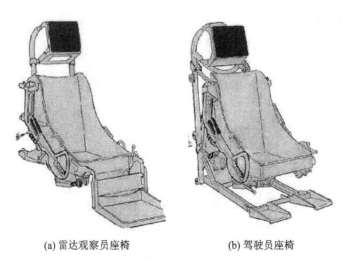

(a) 雷达观察员座椅　　　　　　(b) 驾驶员座椅

图2-33　F-89J飞机弹射座椅

F-89J飞机的前座椅是由比较简单的一组弹簧和一个A形支架组成的可升降式座椅。扳动位于椅侧的把手可使座椅在飞行员的重力作用下下沉。若需升高,可调节弹簧直至满意位置。后座不能进行高度调节。

舱盖抛放系统是通过压缩空气驱动的。作为舱盖抛放系统的一部分,后舱内的雷达显示器要缩回,以便为雷达观察员的腿部清理弹射通道。

1. 装备机种

F-89J飞机。

2. 研制单位

洛克希德·马丁公司。

2.2.15 F-101飞机弹射座椅

F-101飞机弹射座椅(见图2-34)是早期的全自动弹射座椅,装有M-3弹射器和BA-18型救生伞。

1. 主要性能指标

① 速度:231.56~787.25 km/h(125~425 n mile/h)。

② 高度:152.4~7 620 m(500~25 000 ft)。

③ 座椅宽度:58 cm(23 in)。

④ 座椅长度:78.74 cm(31 in)。

⑤ 座椅高度:132.08 cm(52 in)。

⑥ 座椅质量:62.142 kg(137 lb)。

⑦ 弹射质量:50.802 kg(112 lb)。

2. 装备机种

美国 F-101 飞机。

3. 研制单位

韦伯飞机公司。

图 2-34　F-101 飞机弹射座椅

2.2.16　F-101F 飞机弹射座椅

F-101F 飞机弹射座椅是 F-101 飞机弹射座椅的改进型。图 2-35 为 F-101F 飞机弹射座椅的前视图和后视图。

(b) 前视图　　　　　　　　　　　(b) 后视图

图 2-35　F-101F 飞机弹射座椅前视图和后视图

1. 主要性能指标

① 速度:231.56~787.25 km/h(125~425 n mile/h)。

② 高度:152.4~7 620 m(500~25 000 ft)。

2. 主要技术特点

① 采用了斯坦泽尔公司的开伞器和 DART(达特)稳定系统。达特稳定系统是由一套绳带和制动装置组成的,使座椅在出舱后处于稳定状态。

② 弹道式救生伞包括一个快速开伞装置。该装置通过救生伞绳的完全拉直而点火,然后射伞枪点火并且迅速抛出连接在伞衣底边的小重物,以快速打开救生伞。

③ 个人装备放在椅盆的前面。

④ 配备了加衬垫的扶手和装有点火启动装置的侧手柄。

3. 装备机种

美国 F-101F 飞机。

4. 研制单位

韦伯飞机公司。

2.2.17　F-104 C-1 向下弹射座椅

F-104 C-1 向下弹射座椅配备的是早期式样的救生伞和救生包。腿部护板和护臂是收起的状态,并装有脚踏板。后部铰接的脚踏板折叠在座椅下面。在脚部牵引器运行时,脚踏板滑轨防止乘员的脚拌在驾驶座舱地板的某个地方。脚部牵引器靠一副脚蹬与乘员的脚相连。一旦坐在座椅上,乘员就可把每个脚蹬垂直向下放在脚架区的球形连接器上。这些球通过一个金属丝连接在座椅底座两侧的卷轴上。当座椅弹射时,卷轴弹出把飞行员的脚牵入脚踏板。在正常使用中,卷轴对于金属丝保持一定的弹力,但一般可以让飞行员的脚自由活动。救生伞是背包式,乘员出舱时伞包可以留在飞机上,也可带出飞机。下腹带作为人/椅分离器的一部分由火工品定时机构启动。

1. 装备机种

F-104 C-1 飞机。

2. 研制单位

斯坦利/洛克希德公司。

2.2.18　F-104 C-2 向上弹射座椅

F-104 C-2 向上弹射座椅(见图 2-36)是美国早期生产的产品。1958 年,它取代了 C-1 向下弹射座椅。

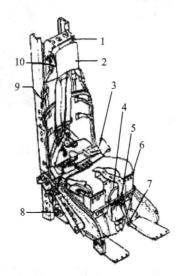

1—穿盖装置;2—头靠;3—安全带;4—D形环;5—安全锁;
6—救生包;7—脚踏板;8—脚挡板;9—座椅导轨;10—钢索切断器手柄

图 2-36　F-104C-2 向上弹射座椅结构图

1. 主要性能指标

具有零高度、222 km/h 滑跑状态以及 1 100 km/h 速度条件下的安全救生能力。

2. 主要技术特点

① 采用 XM - 10 火箭弹射器推动向上弹射座椅。

② 在静止状态下,座椅可将人/椅推至 70 m 的高度,最大弹射过载为 14g。座椅工作程序由燃气系统控制。

③ 装有收脚器约束系统,使飞行员气流迎面面积尽可能达到最小,以减小人/椅阻力和俯仰力矩,并在高速离机过程中起保护乘员的作用。

④ 装有倒 Y 形人/椅分离带,以及臂网和脚挡板,以使乘员四肢在弹射过程中免受损伤。

3. 装备机种

美国空军 F - 104A 和 F - 104C。

4. 研制单位

洛克希德·马丁公司。

2.2.19　F - 105 飞机弹射座椅

F - 105 飞机弹射座椅(见图 2 - 37)是美国早期的弹道弹射座椅。该座椅包括一个装甲头靠、座高电动调节装置、可调节的臂靠、与自动救生伞装置相配合的安全带解脱系统、带有多方向惯性滚筒的肩带、舱盖抛放和座椅弹射操纵手柄、带式人/椅分离器、腿固定绳、快速断接器以及零秒挂钩等。

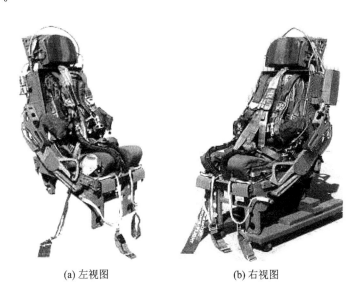

(a) 左视图　　　　　　　　(b) 右视图

图 2 - 37　F - 105 弹射座椅左视图和右视图

1. 主要性能指标

具有在 222 km/h 平飞时、最低安全高度为 30 m(连接零秒挂钩)及最大弹射机速为 927 km/h 条件下的安全救生能力。

2. 装备机种

美国空军 F - 105 飞机。

3. 研制单位

飞机机械公司。

2.2.20　HS-1A 弹射座椅

HS-1A 弹射座椅(见图 2-38)是根据雨季要求为在任何高度和极限速度情况下挽救乘员生命而设计的高动压(高 Q)弹射座椅。其优化设计包括脚踝紧固夹、臂部束缚系统,以及可增加外力的椅下平板,从而改善越尾翼的能力。

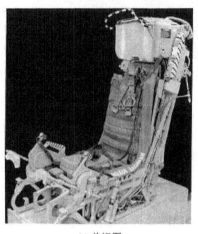 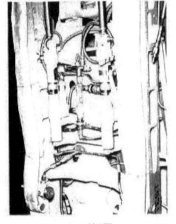

(a) 前视图　　　　　　　　　　　　　　(b) 后视图

图 2-38　HS-1A 弹射座椅前视图和后视图

1. 主要技术特点

① 配有背式救生伞并要求穿着压力服。

② 舱盖是利用椅背部分的一套滚筒通过凸轮作动抛掉的。

③ 背式救生伞用展枪开伞并能快速充气。在速度大于 500 km/h 的条件下,座椅的定时机构可以使稳定伞把人/椅系统减速到适于救生伞张开的速度。这样可以保证高度在 3 048 m(10.000 ft)以上弹射时,稳定伞下部连接带使座椅以脚向下的姿态下降。

2. 装备机种

RA-5C Vigallante 飞机。

3. 研制单位

罗克韦尔国际公司(原北美航空公司)。

2.2.21　LW-2 火箭弹射座椅

LW-2 火箭弹射座椅是北美航空公司为美国垂直起落战斗机研制的。

1. 主要性能指标

① 火箭弹射器总冲量:4 000 N·s;

② 最大推力:29.34 kN;

③ 燃烧时间:0.24 s;

④ 喷口角度:55°;

⑤ 最大弹射过载:10~11g;

⑥ 过载增长率:200 g/s。

⑦ 座椅总质量:64.4 kg(包括火箭弹射器、救生伞和氧气设备)。

⑧ 具有零高度-零速度及 927 km/h 速度条件下的安全救生能力。

2. 主要技术特点

① 座椅装有双态速度选择器。当弹射速度小于 370 km/h 时,射伞枪直接射出主伞;当弹射速度大于 370 km/h 时,先射稳定伞,后拉救生伞。

② 座椅的右后方装有被叠成条状的救生伞,开伞容易。

③ 没有采用人/椅分离器,而是利用救生伞将乘员拉出。

3. 装备机种

美国 XV-4A、XV-5 垂直起落飞机。

4. 研制单位

罗克韦尔国际公司(原北美航空公司)。

2.2.22　LW-3B 火箭弹射座椅

LW-3B 与 LW-2 同属 LW 系列座椅。该座椅系列从 1959 年开始研制,其型号除上述两种外,还有 LW-1。20 世纪 60 年代初、中期做过许多试验。

图 2-39 所示为 LW-3B 弹射座椅前视图和后视图。

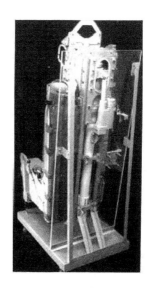

(a) 前视图　　　　　　　　　　(b) 后视图

图 2-39　LW-3B 弹射座椅前视图和后视图

1. 主要性能指标

① 火箭弹射器总冲量:4 175 N·s;

② 燃烧时间:0.28 s;

③ 弹射过载:12～15g;

④ 过载增大率:150～180 g/s。

⑤ 座椅总质量:60.5 kg。

⑥ 具有零高度-零速度以及速度为 927 km/h 平飞状态下的安全救生能力。

2. 主要技术特点

① 座舱的隔框上装有速度/高度双态选择器。弹射时,当速度小于 370 km/h、高度小于 300 m 时,座椅离机后立即射出装在座椅左侧或右侧的条形伞包内的救生伞。当弹射速度大于 370 km/h、高度大于 300 m 时,延迟 2 s 射出救生伞。

② 救生伞叠成条状装在座椅的左侧或右侧,这对双座飞机弹射很有好处,因为它对于火箭推力会产生一个不对称的载荷,以避免空中碰撞。

3. 装备机种

OV-10 飞机。

4. 研制单位

罗克韦尔国际公司(原北美航空公司)。

2.2.23 MINIEAC-II 弹射座椅

MINIEAC-II 弹射座椅是为满足中速飞机对轻小型弹射座椅的需要而研制的。该座椅是在 ACES II 火箭弹射座椅的基础上研制而成的,重量及价格均为 ACES II 型座椅的一半。

1. 主要性能指标

① 速度:0～704 km/h。

② 高度:0～15 240 m。

③ 装机质量:39 kg。

2. 主要技术特点

采用了最新型直径为 7.9 m 的标准锥形救生伞,从而大大提高了开伞性能;该座椅除在头靠上装有穿盖器外,两个护腿板上还装有破碎器,用以清除膝部通道。

3. 装备机种

涡轮螺旋桨飞机、单/双座直升机。

4. 研制单位

波音公司。

2.2.24 T-33 飞机火箭弹射座椅

图 2-40 所示为 T-33 飞机火箭弹射座椅的前视图和后视图。

(a) 前视图　　　　　　　　　(b) 后视图

图 2-40 T-33 飞机火箭弹射座椅前视图和后视图

1. 主要性能指标

T－33 飞机原装 M45 弹道弹射座椅是美国早期比较典型的座椅。在 300 m 以下弹射时，乘员几乎全部死亡。改进后的弹射座椅加装了火箭弹射器，其燃烧时间为 0.25 s，最大推力为 26.7 kN，加速度为 18g。此外，座椅装有带式人/椅分离器、硬式救生盒、弹道惯性滚筒、自动收腿带和程序系统。救生伞采用的是 S－2 型，后来有的型号安装了穿盖器。

改进后的座椅可以保证飞机在零高度、130 km/h 平飞状态下安全救生。

2. 装备机种

美国 T－33 教练机。

3. 研制单位

洛克希德·马丁公司。

备注：T－33 飞机的火箭弹射座椅是由 AETE 弹射系统实验组在原 T－33 飞机的弹道座椅基础上改进而来的，在 1965 年以前就进行了实验和鉴定。

2.2.25　T－38/F－5 飞机弹射座椅

T－38/F－5 飞机弹射座椅是第二代弹射救生装置，质量为 93.965 kg(207 lb)。

1. 主要技术特点

① 座椅动力装置除基本的弹射筒外，还增加了火箭助推器。其推力线可通过座椅乘员座高的上下调节装置而自动调节，以接近于重心。

② 背式伞包内装有改进型 C－9 救生伞，并装有美空军标准的 PCU－15/16 躯干约束系统。救生伞释放机构采用标准 250 ms 延迟，改变了救生伞的展开方式。

③ 增强型稳定减速伞提高了座椅的稳定性。

④ 座椅装有适合小个儿乘员的重新定位系统，以提高适应范围(第 3 至第 98 百分位)和舒适性。

⑤ 装有火药抛盖机构，并且每个座椅顶部还装有穿盖器作为备用。

2. 装备机种

F－5/T－38 飞机。

3. 研制单位

诺斯罗普·格鲁门公司。

2.2.26　后倾式弹射座椅

后倾式弹射座椅是为座舱高度低的座舱而研制的应急离机系统。由于座椅都采用了较低的布局，因此再使用以往的那种座椅导轨、弹射筒或弹射器，已与此不相适应。该座椅依靠一个变位器使座椅绕枢点旋转出舱。枢点位于头靠后边，应急出舱时，椅背几乎与飞机的 X 轴平行，位于座椅底部的火箭发动机将座椅推离飞机。

当座椅处于固定式的后仰位置时，下部椅背角为 65°；上部椅背角和头靠后的仰角为 90°时正升力系数为最高值，轨迹高度最理想并且飞越尾翼有足够的安全距离。高速时，延迟开稳定伞，气动载荷不超过人体耐受极限。

1. 主要性能指标

速度：0~1 272.61 km/h(0~687 n mile/h)；高度：0~15 240 m(0~50 000 ft)。

2. 装备机种

未装机。

3. 研制单位

Goodrich 公司。

备注:原斯坦泽尔航空工程公司在 1986 年被 UPCO 公司收购后又被 Goodrich 公司收购,成为该公司安全系统分公司的一部分。

2.2.27　电动液压式自动后倾 PAL 座椅

现代高性能战斗机可产生持续的、超过人体生理耐限的过载值,这可以使乘员产生"黑视"或意识丧失。乘员的 G_z 耐力是与人体的眼位到心脏的垂直距离成比例的,即与座椅的靠背角(SBA)相关。乘员后倾或仰卧可以提高耐 G_z 能力。电动液压式自动后倾座椅就是为此而研制的。该座椅的特点是当驾驶员在骨盆及双腿被抬高而后倾时,仍保持其设计眼位及舱外视界。按照预定的 G_z 值与椅背角关系曲线感受 G_z 值,并自动后倾预定的椅背角。实验时,座椅在 $2.5\,G_z$ 时开始后倾,椅背角(初始直立状态下为 25°)随 G_z 值的增大而增大。当在 $6.0\,G_z$ 时,椅背角达到最大值为 65°。若 G_z 值再增大,椅背角不再增大。其关键是保证乘员在出现黑视前座椅后倾。

PAL 座椅的后倾速率取决于受试者的重量。与后倾运动有关的因素包括液压油流量、压力及液压作动器的容积。

1. 装备机种

未装机。

2. 研制单位

美海军航空系统司令部。

2.2.28　旋转式自动后倾座椅

1. 主要性能指标

旋转式自动后倾座椅结构简单,利用 G_z 值的作用,不需要自传感器以及动力装置。旋转式后倾座椅由基本结构、支撑结构及闭合回路液压系统组成。

该座椅能随过载值 G_z 的大小自动调节后倾的角度,提高乘员在高过载环境下的工作能力。当过载为 $2.4\sim3.4\,G_z$ 时,座椅由垂直位置旋转至 67°靠背角,使乘员后倾。当过载值恢复到正常状态时,座椅可在 3 s 内回到直立状态,这一时间主要取决于液压作动器的固有特性。这种自动后倾座椅适合作为弹射座椅,也可用于封闭式救生装置。

2. 装备机种

未装机。

3. 研制单位

美海军航空系统司令部。

2.2.29　RAPEC 火箭弹射座椅

RAPEC 座椅具有零高度、130 km/h 平飞状态下的安全救生能力。座椅采用面帘打火手柄。

火箭弹射器的总冲量为 4 895 N·s,火箭燃烧时间为 0.4 s,弹射过载为 13g。该动力装置可将人/椅系统推至 61 m 的高度。椅背和椅盆内分别装有气囊,人/椅分离时,两个气囊同时充气,人即离开座椅。弹射座椅的质量为 36 kg。

1. 装备机种

美国 A4 舰载攻击机。

2. 研制单位

美海军航空系统司令部,波音公司。

备注:A4 飞机原装备的是 NAMC - 2 弹道式弹射座椅,RAPEC 于 1959 年 12 月研制成功投产后代替了 NAMC - 2 座椅。

道格拉斯飞机公司 1997 年 8 月同波音公司合并,合并后的公司称波音公司,是世界上最大的航空航天公司。美海军武器局现名为美海军空战中心,属美海军航空系统司令部,由原海军武器中心、海军航空发展中心和海军航空实验中心合并而成。

2.2.30　SIIIS 弹射座椅

SIIIS 弹射座椅(见图 2 - 41)是原塔利(Talley)工业公司的子公司——斯坦泽尔航空公司(Stencel Aero En-gineering Corporation)(现 Goodrich 公司的 UPCO 分部),为满足当今高性能飞机更快速、更稳定和可预见的弹射平台需求而作出的响应。SIIIS 模块系统可适用于单、多座飞机。对于多个乘员工作站来说,增加了轨迹发散,从而保证每台座椅按预定弹射程序工作。

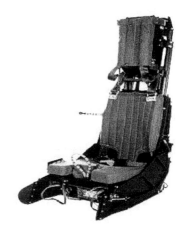

图 2 - 41　SIIIS 弹射座椅

1. 座椅性能包线

① 速度:0~1 112 km/h(0~600 n mile/h 当量空速)。

② 高度:0~15 240 m(0~50 000 ft)(离地高度)。

③ 垂直俯冲:最大速度 1 112 km/h(600 n mile/h 当量空速),60 m(200 ft)(离地高度)。

④ 倒飞:机翼水平倒置,44 m(145 ft)(离地高度)。

⑤ 下沉率:当发动机出现故障时,下沉率达 914 m/min,直到距离地面高度 9.14 m。

⑥ 横滚:速率高达 7.85 rad/s。

⑦ 座椅高度:127~142 cm(50~56 in)。

⑧ 座椅宽度:48.26~50.8 cm(19~21 in)。

⑨ 装机质量:总共 84.3 kg(186 lb)。

⑩ 座椅质量:64.4 kg(142 lb)座椅装有所有弹药装置。

⑪ 救生包质量:9.52 kg(21 lb)。

⑫ 接口箱质量:10.4 kg(23 lb)。

2. 主要技术特点

① 采用了燃气射流控制的程序机构、双根弹射筒加备份对称式发动机的火箭的组合动力装置“达特”稳定系统、风向火箭、主伞衣底部展开枪等新技术。

② 采用的小直径对称式动力装置,使飞机的重量大大减轻。

③ 低速条件下,系统可满足座椅的稳定要求;高速时由稳定伞配合进行减速;提供俯仰/偏航方向上所需的稳定力矩。在稳定伞与救生伞间装的风向火箭用来在低速弹射时迅速拉出

救生伞。高速时救生伞由稳定伞拉出。伞衣底边用展开枪展开,以便迅速充气。

3. 可靠性/可维护性

① 余度设计。

② 备份的弹射启动措施。

③ 备份的弹射筒点火措施。

④ 备份的火箭点火措施。

⑤ 备份的稳定伞射出措施。

⑥ 备份的稳定措施。

⑦ 备份的稳定伞释放措施。

⑧ 备份的伞箱开伞措施。

⑨ 备份的人/椅分离措施。

⑩ 鉴定合格的系统/零部件。

4. 装备机种

洛克希德公司的 JSF CDA 飞机,美国海军陆战队的 AV - 8B、TAV - 8B 鹞式飞机,意大利和西班牙的 AV - 8BS 和 TAV - 8B 飞机,泰国的 RTN 和希腊的 HAlF A - 7E 飞机,阿根廷的 IA - 63 Pampas 飞机,日本的 T - 4 教练机,葡萄牙、尼日利亚和泰国的 Alpha 喷气式飞机。

5. 研制时间

20 世纪 60 年代末期。

6. 研制单位

BF Goodrich 公司。

备注:斯坦泽尔航空工程公司继在 1986 年被宇宙动力公司(UPCO)收购后,UPCO 又于 1998 年 10 月被 BF Goodrich 公司收购,成为其子公司。

2.2.31　SIIIS - 3RW 弹射座椅

宇宙动力公司(UPCO)选择 AV - 8B"鹞"式飞机的座椅作为最佳原型进行改进,改型座椅命名为 SIIIS - 3RW 座椅。SIIIS - 3RW 型座椅具有各种改型座椅的性能特点,成为一种能够减重 20% 的座椅,即 56.699 kg(125 lb)。

1. 该座椅通过下面几种方法达到减重的目的

① 取消、改进或更换与多态工作方式相配套的有关部件;

② 取消 SIIIS - 3RW 系统结构形式所不需要的那些部件;

③ 通过减轻像侧板和侧梁一类座椅部件的重量来减轻座椅结构重量。

另外,该座椅在保持 SIIIS 基本型座椅零高度-零速度和 787 km/h(425 n mile/h)、15 240 m(50 000 ft)的弹射救生性能的前提下,采用了简单的单态工作方式。

2. 研制单位

Goodrich 公司。

2.2.32　S4S 弹射座椅

S4S 弹射座椅(见图 2 - 42)是斯坦泽尔航空工程公司在 SIIIS 基础上研制的。S4S 座椅保留了 SIIIS 座椅的稳定伞系统,重点改进了欧文公司的 AIM 救生伞,采用连续状态感受装置和柔性导爆索(TLX)。

图 2-43 所示为 S4S 弹射座椅结构图。

1. 主要性能指标

① 速度:0～1 112 km/h(0～600 n mile/h 当量空速)。

② 离地高度:0～15 240 m(0～50 000 ft)。

③ 垂直俯冲:最大速度 1 112 km/h(600 n mile/h 当量空速),离地高度 60 m(200 ft)。

④ 倒飞:机翼水平倒置,离地高度 44 m (145 ft),速度 278 km/h。

⑤ 装机质量:总质量 65.98 kg。

⑥ 座椅质量:59.6 kg。

⑦ 动力系统质量:6.38 kg。

2. 主要技术特点

① 稳定系统除仍采用"达特"系统外,还装有独特风格的偏航稳定板,在弹射时展开,用来修正偏航力矩,在整个轨迹范围内确保偏航稳定性。

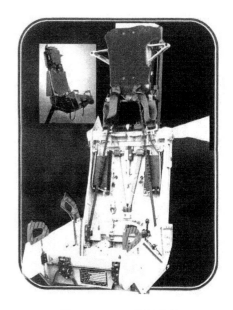

图 2-42　S4S 弹射座椅

② 采用连续状态感受装置,提高了本弹射座椅的性能。

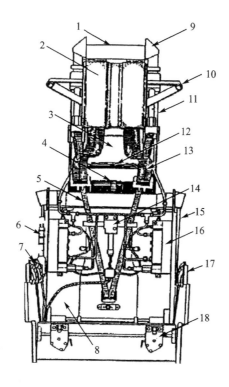

1—稳定伞伞箱;2—头靠垫;3—救生伞伞箱;4—座高调节机构;5—惯性卷筒机构;6—保险/解除保险控制机构;
7—应急释放手柄;8—楔形件和救生包;9—穿盖器;10—皮拖管;11—弹射筒;12—开伞器;13—降落伞操纵带;
14—切断器;15—稳定板(折叠);16—弹射后程序器;17—弹射操纵手柄;18—限腿装置

图 2-43　S4S 弹射座椅结构图

③ 采用了欧文公司生产的 AIM 自动调节充气救生伞,伞衣面积为 64 m^2,由于采用了变透气量织物和韦伯控制伞,使最大允许开伞速度提高到 600 km/h。从弹射启动到救生伞张满的时间为 2.3～2.4 s。

④ 采用(TLX)余度的火药信号传输系统,安装方便、性能稳定、重量轻、体积小。它改变了传统的拉杆钢索及燃气导管式的信号传递方法。

⑤ 采用了电子延时技术,且高度、时间、速度控制实际上是连续的控制系统。

3. 可靠性

试验验证了 90% 的低置信度,可靠性为 0.972。

4. 研制单位

Goodrich 公司。

2.2.33 SR-71 飞机弹射座椅

SR-71 飞机弹射座椅具有高空、高速救生性能。据报道,该座椅曾在 23 774 m 的高空、$Ma>3$ 的条件下挽救过飞行员的生命。该座椅减速伞使用燃爆弹展开以使整个系统稳定减速。人/椅分离时,头靠内的减速伞通过 4 根连接带与座椅相连。

1. 主要性能指标

① 高度:0～30 500 m。

② 马赫数:0～3。

③ 火箭弹射器总冲量:8 898.4 N·s。

④ 常温过载:15g。

⑤ 过载增长率:170 g/s。

2. 装备机种

F12/SR71 飞机。

3. 研制单位

洛克希德·马丁公司。

备注:该型曾用于美国"哥伦比亚"号航天飞机,作为试飞员的应急救生装备。

2.2.34 X-15 火箭弹射座椅-密闭服救生系统

X-15 火箭弹射座椅(见图 2-44)是原北美航空公司为美国 X-15 高空高速研究机研制的将火箭弹射座椅和密闭服组合在一起的高空高速救生系统。该座椅具有在 36.6 km 高空、$Ma=4$、零高度以及 167 km/h 平飞状态下的救生能力,并可使飞行员免受弹射中遇到的各种不利因素的伤害。

1. 主要性能特点

椅背后面的高冲量火箭能把人/椅系统推至 73 m 的高度,弹射过载为 20g,过载增长率为 250 g/s。

座椅侧边装有两块稳定板,椅盆底下有可伸缩的激波杆,以防激波伤害。头靠有很深的凹

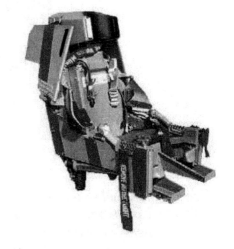

图 2-44 X-15 火箭弹射座椅-密闭服救生系统

槽,可防止头部晃动。此外,座椅装有臂靠、脚卡、手限动板、肘挡板等,并配备起较好的高速防护作用的 MC - Z 密闭服。救生伞是直径为 7.3 m 的平面圆形伞。

2. 装备机种

美国 X - 15 高空高速研究试验机。

3. 研制单位

罗克韦尔国际公司(原北美航空公司)Rockwell International Corp.。

备注:该公司的防务和空间部 1996 年被波音公司收购。

2.3　固定翼飞机弹射救生装备——俄罗斯篇

2.3.1　米格 - 19 飞机弹射座椅

第二次世界大战后,由于喷气式飞机时代的到来,航空救生事业面临着一个全新的挑战,采用以往的办法飞行员已无法离机。高速飞行条件下的弹射救生是当时各国航空界面临的新问题,为此,俄罗斯米高扬设计局内成立了专门的研制机构,先后研制出一系列适应不同型号飞机需要的弹射座椅,米格-19 飞机弹射座椅(见图 2 - 45)便是其中之一。

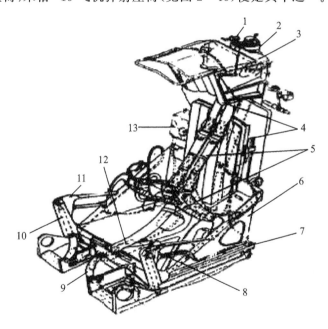

1—联锁机构;2—弹射机构;3—头垫;4—防弹钢板;5—保险带;6—座椅骨架;7—骨架;
8—扶手;9—脚卡;10—缓冲筒;11—环耳螺栓;12—弹簧机构;13—An - 3 定时机构

图 2 - 45　米格-19 飞机弹射座椅

1. 主要性能指标

① 座椅平飞状态下的最低安全弹射高度:300 m。

② 最大弹射速度:850 km/h。

③ 弹射最大高度:20 m。

④ 弹射过载:小于 20g。

2. 主要技术特点

① 该座椅为敞开式弹道弹射座椅,弹射动力是行程为 1.66 m 的三级套筒式弹射筒,提高

了高速飞行条件下的弹射救生性能。

②该座椅为焊接结构,椅背后有两根主梁并装有防弹钢板,头靠两边有可折叠的纵、横向稳定板。C-3型救生伞装在椅盆内。

③弹射时采用面帘手柄打火,椅扶手还备有应急弹射手柄。弹射时脚卡自动锁紧,AД3定时机构控制人/椅分离系统,1.5~2 s延迟后,自动解脱脚卡、安全带锁等。

3. 装备机种

米格-19歼击机。

4. 研制单位

米格航空科研生产联合体。

5. 研制时间

20世纪50年代前后。

2.3.2 KM-1火箭弹射座椅

图2-46 KM-1火箭弹射座椅

在提高弹射座椅高速救生能力的同时,为了解决低空条件下的安全救生,美、英等国在20世纪50年代中期以后研制出了火箭弹射座椅。苏联米高扬设计局在50年代末至60年代初研制出了KM-1火箭弹射座椅(见图2-46),该座椅是苏联60年代装机的主要座椅。

1. 主要性能指标

①最低安全高度:$H=0$,在$V=130$ km/h条件下。

②弹射速度范围:130~1250 km/h。

③最大弹射过载:$20g$。

④座椅质量:135 kg(含全套设备)。

2. 主要技术特点

①KM-1火箭弹射座椅(见图2-47)为敞开式弹射座椅,弹射动力装置由二级弹射筒和火箭助推器组成,弹射筒行程为1020 m,火箭助推器为可调双喷管式。椅盆为镁铝合金铸件,可升降调节。

②稳定伞放置在凹形头靠中,救生伞在靠背内。脚支撑器和脚卡与CK系统相同。

③KM-1型座椅比CK系统有较大的改进,主要是低空救生能力有了显著提高,实现了零高度、低速度的弹射救生。另外,由于采用肩带应急拉紧机构和限臂装置,解决了高速气流的防护问题。

备注:该座椅的缺点在于,无人/椅分离装置,不能保证在轨迹最有利点进行分离。此外,椅盆在下限位置时,只能适应坐高为920 m的驾驶员乘坐;组合弹射机构笨重;弹射过载偏高等。

3. 装备机种

改型的米格-21、米格-23、米格-25飞机。

4. 研制单位

米格航空科研生产联合体。

5. 研制时间

20世纪50年代末至60年代初。

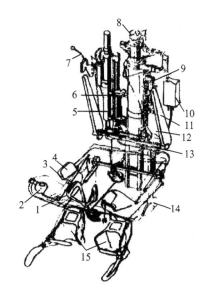

1—弹射手柄；2—应急释放手柄；3—ППК－y－T277 开锁器；4—ППК－1П 开锁器；5—肩带机构；
6—肩带应急机构；7—座舱盖－座椅联锁机构；8—带有稳定伞的伸缩套筒；9—火箭发动机；10—自动开锁器；
11—滑轮；12—限臂装置；13—升降电机；14—椅盆；15—腿部约束装置

图 2－47　KM－1 火箭弹射座椅结构图

2.3.3　米格－21CK 救生系统

20 世纪 50 年代后期,米高扬设计局为米格－21 飞机研制了带离式弹射救生系统,简称
CK 系统,解决了高速气流的防护问题。

1. 主要性能指标

① 最大飞行马赫数:2.1;

② 平飞状态下的最低安全高度(理论值):110 m;

③ 最大弹射速度:1 100 km/h;

④ 最大弹射高度:20 m;

⑤ 最大弹射过载:15～18g。

2. 主要技术特点

① 该系统是采用舱盖保护式弹射,即带离式弹射救生系统。在弹射时,舱盖可与座椅扣
合,以保护乘员免受迎面气流的吹袭;同时,肩带自动拉紧,自动收腿。

② 座椅为铸造椅盆,椅背两根纵梁兼作导向滑轨。弹射动力装置采用了行程为 2.5 m 的
四级弹射筒。头靠中装有稳定伞,弹射过程中起减速稳定作用。

③ 弹射可分为舱盖保护和无舱盖保护两种方案。飞行速度在 600 km/h 以下时,可采用
无盖保护弹射。其程序除先抛盖外,其他与舱盖保护弹射相同。

备注:CK 救生系统弹射程序过于复杂,弹射时要完成舱盖与座椅带离的一系列动作。在
此过程中高度损失较大,因此,其低空性能差。最低安全弹射高度理论上是 110 m,实际上在
300 m 以下的弹射很难成功。另外,CK 救生系统在 1.5～3 s 的弹射过程中,有 6 个弹射弹和
33 把锁要严格地依次动作,一旦某个动作失灵,后果不堪设想。鉴于 CK 救生系统的局限性,
在后期改型的米格－21 飞机中改装成 K 米－1 火箭弹射座椅。

3. 系统质量

整个弹射系统的设计总质量为 240 kg,其中座椅和火药机构的质量为 83 kg,活动舱盖的质量为 57 kg。

4. 装备机种

米格-21 歼击机。

5. 研制单位

米格航空科研联合体。

6. 研制时间

20 世纪 50 年代后期。

图 2-48 所示为米格-21CK 救生系统工作程序。

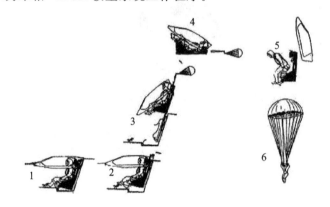

1—准备弹射;2—座椅向上移动;3—舱盖上锁;4—椅盆底部转向气流,稳定伞抛掉;
5—舱盖脱离座椅;6—人/椅分离,自动开伞

图 2-48 米格-21CK 救生系统工作程序

2.3.4 K-36Д 弹射座椅

在救生领域,苏联苏霍伊、雅克福列夫、米高扬等几大飞机设计局长期以来一直装备的都是自行设计的救生装备。每个设计局都研制弹射座椅的状况极大地浪费了人力和物力。为了改善这种状况,同时研制出通用型的救生设备,苏联在 1952 年开始组建国家救生设备研制联合中心——星星机械厂。60 年代该中心才初具规模,形成了科研、生产、实验联合体。1964 年以后研制出的 K-36Д 座椅(见图 2-49)便是星星联合体在上述背景下的代表作。

1. 主要性能指标

① 性能包线具有世界先进水平,救生率达 98%。

② $V_i=0\sim1\,400$ km/h,$H=0\sim25$ km(密闭头盔)。

③ $V_i=0\sim1\,300$ km/h,$H=0\sim20$ km(保护头盔)。

2. 主要技术特点

① 该座椅采用了新颖的气动布局和结构设计,在头靠下部两侧各装一个可伸缩的稳定杆和旋转稳定伞,从而保证了人/椅系统的稳定性。导流板的使用,减少了迎面气流和过载对飞行员的影响。

② 利用射伞机构强制射伞,减小了救生伞的拉直力和开伞动载,射伞机构的反作用力又使切割器工作,切断肩带、腰带、腿带,并释放限臂板。

③ 该座椅的弹射是通过组合动力装置来实现的,组合动力装置包括一个双管式弹射筒和一个冲量为 630 kgf·s(1 kgf=9.8 N)的火箭发动机。另外,座椅上还可以安装一个火箭发

图 2 - 49   K - 36Д 弹射座椅

动机喷口转向器,喷口转向器可使发动机的推力方向在 7°的范围内变动,以调节纵向平面内的座椅弹射轨迹,这对垂直起降飞机在零高度-零速度和转换飞行状态的应急救生特别重要。

④ 救生伞叠放在头靠伞箱中,通过一个可靠的燃爆机构强制拉出。ППК - y、ППК - 1M 半自动开伞器以及 KПA - 4M 自动开伞器组合的程控装置,可按不同高度、不同速度选择开伞时机,以适应高空或低速的开伞要求。

⑤ 弹射操纵系统可由飞行员手动启动,也可由应急传感器的信号自动启动。

⑥ 该座椅上装有应急供氧装置和按不同环境条件下维持飞行员生存的救生包。

3. K - 36Д 座椅弹射工作程序

K - 36Д 座椅五个阶段的弹射工作程序如下。

(1) 准备弹射阶段

当飞行员向上拉起中央弹射手柄时,通过程序控制可使下列部件工作:

① 约束系统的火药机构(电打火和机械打火)。

② 机上应急抛盖系统(电打火)。

③ 保护头盔滤光镜自动下放机构(电打火)。

④ 记录应急状态和飞行参数的机上自动记录仪(电接通)。

⑤ 联锁机构(电接通和机械传动)。

⑥ 导流板的火药切断活门(受压力继电器的控制,确定是否射出导流板)。由于人/椅系统尚未开始运动,通过电源分离接头和信号分离接头仍能向座椅供给电信号和其他所需信号。约束系统的火药机构工作后,其高压燃气可使下列部件工作:

• 肩带拉紧机构。

• 腰带拉紧机构。

• 限臂机构。

• 腿部抬高机构。

⑦ 机上应急抛盖机构。座舱盖应急抛放系统工作,便可抛掉座舱盖,解脱联锁机构的保险。只有解脱了联锁机构的保险,才能使组合动力装置的弹射筒开始工作。

若座舱盖应急抛放系统出现了故障,则乘员可松开中央弹射手柄,操纵机上座舱盖单独抛放系统,单独抛放后,也可解脱联锁机构的保险,再次拉动中央弹射手柄,便可弹射离机。

(2) 人/椅系统沿导轨向上运动阶段

组合动力装置的弹射筒工作后,人/椅系统沿导轨开始向上运动。根据人/椅系统向上运

动的行程,可分别启动下列部件:

当行程为 10～20 mm 时,信号分离接头分离,使椅上电气设备部分线路与机上电路断开;

当行程为 10～30 mm 时,使 ΠΠΚ－y－T424 半自动开伞器开始工作;

当行程为 20～60 mm 时,使 КΠА－4 半自动开伞器开始工作;

当行程为 170～210 mm 时,电源分离接头分离,使座椅电气设备与机上电路全部断开;

当行程为 210～230 mm 时,氧断器分离,使乘员个人防护装备和氧气系统管路与机上装置的管路断开;

当行程为 210～270 mm 时,接通跳伞氧气设备,救生包的氧气瓶开始向乘员供氧;

当行程为 90～180 mm 时,由弹射筒的高压燃气射出导流板(飞行速度超过 800～900 km/h 时);

当行程为 350～380 mm 时,稳定伞系统的火药机构工作,射出稳定杆和稳定伞;

当行程为 870～930 mm 时,拉紧限腿带并固定乘员两腿;

当行程为 1 045 mm 时,弹射筒的外筒与内筒分离;

当行程不超过 1 075 mm 时,组合动力装置的火箭包开始工作。

(3)人/椅系统自由飞行阶段

人/椅系统离机后,在火箭包的助推下,在空中沿预定轨迹自由飞行,在这一阶段内,下列部件开始(或继续)工作:跳伞氧气系统继续给乘员供氧;КΠА－4M 自动开伞器根据飞机速度的大小完成时间控制后,启动 ΠΠΚ－1M－T424。

半自动开伞器,ΠΠΚ－1 m－T424 完成高度和时间的控制,启动救生伞射伞机构(控制高度为 2 000～3 000 m);ΠΠΚ－y－T 424 完成高度和时间的控制,启动救生伞射伞机构(控制高度为 5 000～6 000 m);

(4)射出救生伞和人/椅分离阶段

救生伞射伞机构工作后,便可射出救生伞的头靠伞箱,使救生伞开始拉直,充气张满。

在射出头靠伞箱的过程中,可使下列部件工作:利用缓冲装置的反作用力,使椅盆和火箭发动机下移 32～37 mm;射伞机构的反作用力使切割器工作,分别切断腰带和腿带,松开限臂板,中央弹射手柄脱离椅盆,人/椅分离。

(5)乘员乘救生伞下降阶段

救生伞张满后,利用人/椅分离的相对运动,使救生包火药延迟切割器开始工作,经过 4 s 的延迟,自动打开救生包,放出救生船、无线电信标机以及救生包,乘员乘救生伞下降。

4.装配机种

苏－17、苏－24、苏－25、米格－25、苏－27、米格－29、米格－31、苏－30、苏－35 等飞机。

5.研制单位

星星联合体。

6.研制时间

20 世纪 60 年代初定型,1969 年通过国家鉴定,以后又经过几次改进、改型。

2.3.5　К－36Д－3.5 弹射座椅

К－36Д－3.5 弹射座椅(见图 2－50)是由美国和俄罗斯合作,在 К－36Д 座椅的基础上瞄准第四代弹射座椅而改型研制的,除保留了 К－36Д 独特的伸缩式稳定杆、限臂器、抬腿机构和导流板等重要部件外,还有一些新的特点。К－36Д－3.5 型座椅是 К－36Д 系列座椅成熟救生技术的延伸和发展,技术上有了较大突破。

图 2-51 所示为 K-36Д-3.5 弹射座椅的轨道滑车实验。

图 2-50　K-36Д-3.5 弹射座椅　　**图 2-51　K-36Д-3.5 弹射座椅的轨道滑车实验**

1. 主要性能指标

（1）救生包线

可保证在 $V_i = 0 \sim 300\ \text{km/h}$、$Ma = 2.5$、$H = 0 \sim 20\ 000\ \text{m}$ 的包线内以及零高度-零速度状态下安全救生。

与 KK0-15 型飞行员防护装备和氧气设备配套：$H = 0 \sim 20\ \text{km}$，$V_i = 0 \sim 1\ 300\ \text{km/h}$，$Ma \leqslant 2.5$。

与 KK0-5 型飞行员防护装备和氧气设备配套：$H = 0 \sim 25\ \text{km}$，$V_i = 0 \sim 1\ 400\ \text{km/h}$，$Ma \leqslant 3$。

（2）座椅质量

81.5 kg（不含救生包、背带系统），座椅的装机质量不大于 100 kg（含应急救生物品包）。

2. 主要技术特点

① 采用了便于拆卸和维修的模块化结构。

② 多参数、多模式电子程控器可以感受 7 种参数，弹射瞬间按预定的 50 种模式控制人/椅分离时机、火箭包推力方向、火箭包切断和姿态调整火箭等 4 种执行机构工作，从而大大提高了低空不利姿态下的救生性能。

③ 扩大了飞行员体重适应范围。

④ 改善了飞行员正常的飞行条件，在头靠、椅背和座高调节器方面都有明显改善。

⑤ 座椅质量比标准的 K-36Д 轻 26 kg，总体尺寸相应减小，提高了装机适应性。

⑥ 座椅投靠后部装有侧方向稳定控制火箭，提高了座椅横滚方向的稳定性。

3. 装备机种

米格-29M、苏-30、苏-37 等飞机（参与了美 F-22 和 JSF 等高性能战斗机救生装置的竞标）。

4. 研制单位

"星星"科研生产股份公司。

5. 研制时间

1994 年"星星"科研生产联合企业对 K-36Д 座椅进行了改进。经过五六年的时间，研制出了具有模块式结构的 K-36Д-3.5 弹射座椅并装机服役。

2.3.6　K-93零高度-零速度弹射座椅

1993年,"星星"科研生产股份公司着手设计速度为950 km/h的现代弹射座椅,1999年通过国家试验。该座椅在使用上具有现代、经济、简单、轻便的特点,装备在米格-AT教练机上。

主要性能指标

① $V=950$ km/h, $H=0\sim15\,000$ m, $Ma\leqslant1.5$。

② 最低倒飞弹射高度:50 m。

③ 装机质量:68 kg(含随机应急备品、氧气、伞系统、背带系统、传爆管)。

2.3.7　CKC-94超轻型应急离机系统

1995年,"星星"针对轻型飞机研制出了CKC-94超轻型应急离机系统(见图2-52),CKC-94能保证在0.2 s内快速抛出救生伞,救生伞折叠后装在座椅头靠中,飞行员直接通过座舱盖玻璃出舱。无论是在平飞时,还是在动态情况下,该系统均能保证安全离机。此外,要保证将双座机的离机时间缩到最短,两名飞行员应尽可能同时离机。

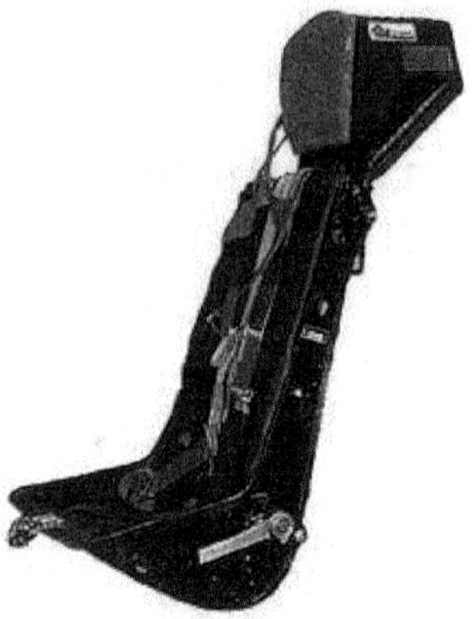

1. 主要性能指标

① 安全弹射速度:60~400 km/h。

② 最大安全弹射高度:5 500 m。

③ 装机质量:27.5 kg。

④ 乘员坐高:810~980 mm。

⑤ 乘员体重:56~97.5 kg。

图2-52　CKC-94超轻型弹射座椅

2. 主要技术特点

CKC-94系统是一种应急离机高效新装置,当乘员拉出弹射手柄时,乘员座椅的头靠和封装好的伞衣一同被抛出,头靠穿破座舱盖,降落伞在气流中展开;弹射筒几乎同时工作,利用乘员背带系统将其从座舱中拉出,并且使乘员具有一定的速度,以便为乘员提供相对于飞机的安全飞行轨迹。在这种情况下,座椅仍留在飞机座舱内。该系统可靠性高,操作简单。

3. 装备机种

苏-26、苏-29、苏-31飞机。

2.3.8　CKC-94MN教练机乘员救生系统

CKC-94MN弹射系统用于乘员的应急救生,是为适应飞机座舱在CKC-94弹射系统基础上改型而成的。

1. 主要性能指标

① 安全弹射速度:70~400 km/h。

② 最大安全弹射高度:10~4 000 m。

③ 装机质量:不大于26 kg。

④ 乘员坐高:810~980 mm。

⑤ 乘员体重:56~97 kg。

⑥ 使用寿命:20 年。

2. 主要技术特点

CKC－94MN 弹射系统可保障两名乘员同时弹射(含轨迹发散技术),依靠手动拉出手柄,弹射系统得以启动。CKC－94MN 弹射系统装有穿盖器,保证弹射穿破厚度小于 4 mm 的座舱盖玻璃。CKC－94MN 弹射系统采用无级调节坐高,坐高调节传动装置有电动机械式和手动式两种调节方案。

3. 装备机种

苏-26、苏-31、苏-29 飞机等。

2.4　固定翼飞机弹射救生装备——瑞典篇

2.4.1　Saab－35 火箭弹射座椅

Saab－35 火箭弹射座椅是瑞典早期设计的火箭弹射座椅。其动力装置由椅背中央的弹射筒和椅盆下面的火箭组成。所用的稳定伞和降落伞系统均是由英国 G. Q. 降落伞公司为其配套研制的,为三级稳定/降落伞系统。

其主要性能特点如下:

三级稳定/降落伞系统的第一级伞直径为 0.762 m、第二级伞直径为 1.83 m。座椅弹射后,经短时间延迟,由燃气作动器使人/椅分离。同时,拉出第一级伞,稍减速后,又拉出第二级伞,使人/椅稳定下降至 3 050 m,这时主伞打开。低空弹射时,第一级伞直接拉出主伞。

该座椅具有零高度-零速度以及 20 000 m、$Ma＝1.7$ 飞行条件下的救生能力。

2.4.2　SaabJ－35 Draken 座椅

SaabJ－35 Draken("龙")弹射座椅(见图 2－53)为 Raketstal FPL35 第二代座椅。它是用于 Draken 的第四个座椅型号。第一个和第二个型号属于完全以弹射器为动力装置的座椅,后面的两个型号属于以火箭发动机为动力装置的座椅。图 2－53 中的座椅属于第二代座椅,它配备有改进的降落伞、推力很强的座椅弹射弹药、脚的侧支撑和快速启动的下肢约束系统以及一个改进过的稳定伞。

适合于中、后期型号的降落伞系统是在为 Foland Gnat 飞机研制的降落伞系统的基础上研制的。图 2－53 中座椅配备的降落伞系统是改进的 KFF－50 型。所有型号的降落伞系统都采用座椅分离连接带和沿椅背向下的中央弹射筒。Raketstot 型增加了带五个火箭发动机喷管的椅下横向火箭发动机燃烧室。这样使得座椅具有良好的零高度救生性能。火箭发动机靠座椅弹射器产生的气体启动。双

图 2－53　SaabJ－35 Draken 弹射座椅

点火手柄启动一个电控制的舱盖抛放系统。在双座飞机中安装一个程序系统,无论谁启动弹射程序,系统都可以使后座乘员首先弹射。

2.4.3 Saab-37 Viggen 弹射座椅

Saab-37 Viggen 弹射座椅（见图 2-54）是萨伯（Saab）设计的最新现役弹射座椅。该型座椅是 Saab-105 教练机座椅的改型，由 J-35 Draken 座椅发展而来，具有很多优点。Saab-37 Viggen（"雷"）弹射座椅配备了 KFF-53 型降落伞系统、护臂网、下肢约束系统和稳定伞。在 1983 年以后，生产定制的此座椅应为第二代或第三代座椅。

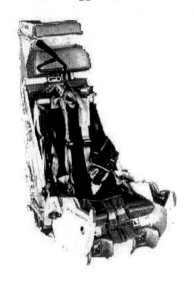

图 2-54 Saab-37 Viggen 弹射座椅

头靠旁边的手柄是座椅的安全手柄。搬动两个扶手手柄中的任一个，护臂网都会通过位于座椅两侧前面的（在银色标记处）短索从座椅靠背的后面打开。下肢约束系统将小腿束缚定位。此型座椅曾在美国空军试验基地霍洛曼滑轨上进行过 1 300 km/h（700 n mile/h 当量空速）的试验，这是现役座椅中进行过的最高速度的试验。

由于瑞典空军低空飞行是出名的，所以该座椅是低空、高速弹射的最佳座椅。低速性能限于在跑道上的速度为 75 km/h。

第3章　国外新一代战机弹射救生装备

3.1　美国新一代 ACES 5 型弹射救生座椅

随着新一代战斗机性能的提高,美国空军 2016 年对飞机适航要求进行了重新修订,柯林斯航空公司也根据新标准推出了新一代弹射座椅 ACES 5,以提高高速弹射下大体重乘员的救生成功率。该座椅在原 ACES Ⅱ 的基础上,采用了全新的模块化设计,其头靠、椅背和椅盆均为可拆除式的独立模块。其优点是对座椅进行维护时,无需再将座椅吊出舱外或者去除舱盖,旨在降低座椅的维护和改装成本,缩短维护和改装周期(其单椅安装时间不超过 25 h)。

新一代 ACES 5 弹射座椅能够在速度为 0~1 111.2 km/h(0~600 n mile/h)、高度为 0~18 288 m(0~60 000 ft)的工况下完成弹射,适用于体重区间在 62.6~153 kg(137~337 lb)的飞行员(该重量包括乘员裸重、乘员飞行设备重量和救生包重量。不过,根据 ACES Ⅱ 的改进计划推测,其飞行员裸重应该在 47.63~111.3 kg 之间)。其救生伞的稳降速度不能超过 7.01 m/s(1 380 ft/min),操纵旋转速度最小为 20(°)/ s。

ACES 5 弹射座椅是受美国政府批准的唯一一种符合美国空军 MIL‑HDBK‑516C 标准的新一代弹射座椅(NGES)。

3.1.1　ACES 5 弹射座椅的模块化主体结构

ACES 5 的模块化主体结构由五部分组成,如图 3‑1 所示,包括椅背、椅盆、降落伞及组件、救生包、CKU‑5C 弹射筒/座高调节机构。其中椅背和椅盆被设计成两个互相独立的模块,可以单独拆卸和安装,易于维护。

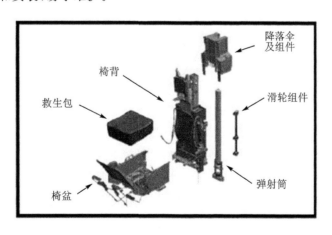

图 3‑1　ACES 5 座椅的模块化设计

图 3‑2 所示为 ACES 5 座椅的安装方式。

1. 椅背模块

椅背模块(见图 3‑3)主要有以下几个改进之处:

① 集成化——椅背部分将原 ACES Ⅱ 的传统椅背结构、头靠、弹射筒以及背板、下方后部

结构全部集成为一个模块，而惯性卷轴带(Inertia Reel Straps)、数字程控器、环境传感器以及氧气瓶等仍继续沿用原 ACES Ⅱ 座椅的装置。

② 强度增加——由于 ACES Ⅱ 座椅椅背结构的强度不能满足模块化座椅部件的设计标准，故 ACES 5 座椅在设计时重新考虑了设计要求，提高了椅背结构的强度，提升了头部碰撞防护性能，以适应新型可调节式头靠以及更为坚固且阻燃的救生伞伞箱。

③ 增加连接板——ACES 5 的椅背结构上新增加了一个可拆除的连接板，拆除该连接板后即可通过检测口直接对椅背上的所有寿命件进行定期维护。

图 3-2　ACES 5 座椅的安装方式

图 3-3　ACES 5 座椅椅背模块

图 3-4 所示为 ACES 5 座椅椅背的设计过程。

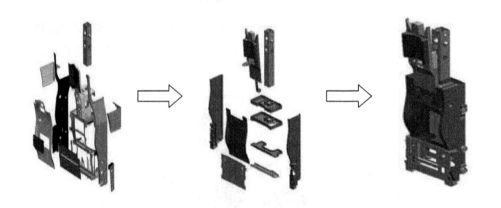

图 3-4　ACES 5 座椅椅背的设计过程

2. 椅盆模块

ACES 5 的椅盆模块(见图 3-5)是在 ACES Ⅱ 的基础上重新设计的，但其动力系统仍沿用了 ACES Ⅱ 的设计。若需维护椅盆下面的部件或子系统，无需拆除其他模块，只需单独拆除椅盆模块即可实现。座椅的椅盆通过模块连接点与椅背连接，同时还包括贯穿椅背和椅盆的电子线路及燃气管路。

3. 座椅头靠

为了增强座椅对乘员的适应性，在座椅主体结构的设计过程中，柯林斯公司对头靠进行了改进，采用了可调节式头靠设计，以提高乘员在穿盖弹射过程中的安全性。

可调节式头靠主要有以下两个改进之处：

① 更换头靠垫，增加减振层——ACES 5 的可调节式头靠采用加厚的头靠垫替代原 ACES Ⅱ 的薄头靠垫，同时又增加了减振层，以减少头盔的变形，更好地保护飞行员的头颈部，使其避免遭受损伤。其头靠垫有两种尺寸可供选择，通过四个快卸扣机构与头靠连接。

② 高度可调节——该头靠改进后，其头靠的高度可通过座椅座高调节系统的头靠调节机构来调节。

图 3-6 所示为 ACES 5 座椅头靠调节系统，图 3-7 所示为 ACES 5 座椅头靠设计。

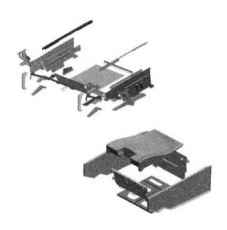

图 3-5　ACES 5 座椅椅盆的设计过程

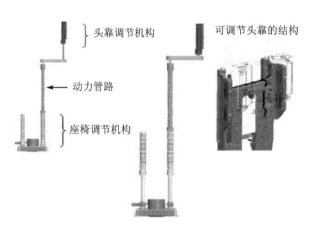

图 3-6　ACES 5 座椅头靠调节系统

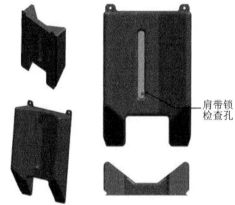

图 3-7　ACES 5 座椅头靠设计

3.1.2　ACES 5 弹射座椅的动力系统

1. CKU-5C/A 火箭弹射器

自 ACES Ⅱ 弹射座椅 1977 年投入使用以来，装备于 A-10、B-1、B-2、F-117、F-15、F-16 和 F-22 飞机，该座椅的主要动力装置为 CKU-5C/A 火箭弹射器，由弹射筒和火箭包两部分组成。

随着新一代战斗机性能的提高以及飞行员体重范围的扩大，美国空军要求对新一代弹射救生系统进行部分改进，以进一步优化弹射座椅的救生性能，提高其在高速弹射时的救生成功率。

作为弹射座椅的主要动力装置，CKU-5C/A 火箭弹射器经历了 CKU-5（见图 3-8）、CKU-5B/A 到 CKU-5C/A 的发展历程，其中，CKU-5B/A 已经用于某些机型的 ACES Ⅱ 弹射座椅上，适用于所有弹射过载小于 $12g$ 的乘员。目前，CKU-5C/A 已经由美国空军批准，即将用于新一代 ACES 5 弹射座椅上。

2. CKU-5C/A 火箭弹射器的改进背景及改进方案

该动力系统由美国海军特种作战司令部与 CAD/PAD 联合改进计划办公室共同研制（此

处的动力系统还包括火箭包中所用的火工品)。

(1) 改进背景

① CKU‑5B/A 的弹射弹所使用的端羧基聚丁二烯 CTPB 推进剂在使用或贮存过程中逐渐出现老化和分解,影响其燃烧性能;

② 在 CTPB 推进剂使用过程中还发现,该配方在高温或低温下燃烧速率极不稳定,致使弹射筒产生的推力值会过低或过高,影响座椅出舱速度。

(2) 改进方案

对其弹射弹(CCU‑22)和火箭包中的推进剂 CTPB 的成分和装药进行改进,替换为端羟基聚丁二烯(HTPB)推进剂,并在其中添加 SiO_2,以改善其在弹射筒高压工作段燃烧速率的不稳定性。该推进剂与原推进剂成分的明显差异在于其具有大约 2 mm(0.080 in)的补偿孔,以控制其表面燃烧面积。经试验验证,该推进剂在试验过程中并未出现任何老化或分解现象。

3. CKU‑5C/A 火箭弹射器的改进意义

① 提高了动力系统在乘员范围扩大(JPATS 体型 1~6)的情况下的可靠性,确保其在极端重量下的性能仍然稳定可靠;

② 解决了与当前正在使用的端羧基聚丁二烯(CTPB)推进剂相关装配工艺问题;

③ 对其所进行的改进,不会对 ACES 5 弹射座椅的安装、处理或使用造成任何影响。

图 3‑9 所示为 CKU‑5C/A 火箭弹射器。

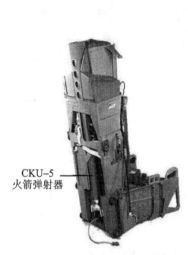

图 3‑8 装备于 ACES Ⅱ 弹射
座椅的 CKU‑5 弹射器

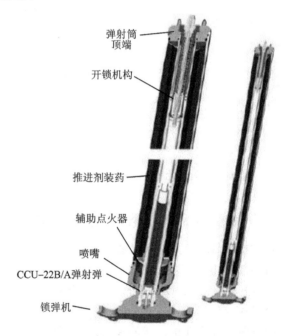

弹射筒顶端

开锁机构

推进剂装药

辅助点火器

喷嘴

CCU‑22B/A 弹射弹

锁弹机

CKU‑5
火箭弹射器

图 3‑9 CKU‑5C/A 火箭弹射器

3.1.3 ACES 5 弹射座椅的被动式防护系统

为满足 MIL‑HDBK‑516C 标准中关于脑震荡发生概率小于 5% 的要求,ACES 5 弹射座椅采用了新型的被动式头颈防护(Passive Head and Neck Protection,PHNP)装置(见图 3‑10),即在头靠系统增加展开式防护装置,以降低飞行员颈部受伤的风险,尤其是佩戴有盔装显示器时。

图 3 - 10　ACES 5 被动式头颈部防护装置

1. 被动式防护系统的主要优势

为了更有效地控制飞行员头部的移动,降低弹射时飞行员头颈部损伤的风险,ACES 5 项目组也对各种头颈部防护系统(包括充气式防护装置、展开式防护装置、展开面、气流导流板、电磁头部防护系统、面帘、头盔系绳等)进行了研究,经过研究以及试验,最终选择了被动式头颈防护装置(也称作展开式防护装置)。该装置主要有以下几个优势:

① 气动载荷小、展开力小;

② 展开式防护装置可根据座高进行调节,从而使头部保持在最佳位置;

③ 重量轻,确保座椅增重最小化;

④ 头部一旦接触展开式防护装置,其立即锁定在已展开位置,仅在弹射加速、头部向下运动时,随之继续向下移动;

⑤ 伞系统一旦拉直,展开式防护装置立即收回,从而防止人/椅分离时发生缠绕;

⑥ 头部的初始位置有多种选择,甚至可处于存在偏差的位置;

⑦ 飞行员的后方视线/视野和仰视角度均不受限。

2. 被动式防护系统的缺陷

① 需在弹射程序初期由信号动作激发,防护装置才能展开;

② 必须在人/椅分离之前收回;

③ 在展开过程中,可能会将头部向下推,这样也许会造成颈部损伤;

④ 难以完全包裹住头盔;

⑤ 与座椅结构的集成性不佳。

在 ACES 5 研制过程中,其项目组还对该头颈防护装置进行了气流吹袭试验、弹射试验以及头部位置偏差试验,以确定该方案的可行性及可靠性。

图 3 - 11 所示为 ACES 5 被动式头颈部防护装置与头部的接触样式。

3. 气流吹袭实验

(1) 气流吹袭试验中研究的变量

通过气流吹袭试验证实,展开式防护装置性能卓越,损伤风险低。气流吹袭试验研究了各种展开式防护装置的设计方案,考虑了以下变量:

• 展开角度;

• 接触表面;

• 头盔/盔装显示器类型;

• 气流吹袭速度和座椅偏航角度。

图 3 - 11　ACES 5 被动式头颈部防护装置与头部的接触样式

图 3 - 12 所示为 ACES 5 被动式头颈部防护装置气流吹袭试验。

图 3 - 12　ACES 5 被动式头颈部防护装置气流吹袭试验

（2）气流吹袭试验的结论

① 展开式防护装置的展开角度对其性能的发挥至关重要。

- 最佳的展开角度可以最大限度地减小颈部拉伸力/头盔升力，同时不会增加颈部的压缩载荷；
- 在气流吹袭期间，展开角度对于限制头部回弹冲击载荷和保持头部位置非常重要。

② 头盔交互作用对其性能的发挥至关重要。

- 头盔不展式防护装置的接触点对于减小颈部拉伸力和固定头盔至关重要；
- 确保展开式防护装置包裹住头盔，从而防止头盔/头部旋转，而且不与头盔发生钩挂至关重要；
- 接触表面的外形对于保持头部位置很重要。

③ 为了保持头部稳定，良好的躯干约束必不可少。

- 使用躯干式背带是确保良好躯干约束的唯一方法。

4. 弹射试验

展开式防护装置在多次高速弹射试验中成功展开。仅有一次 600 n mile/h(1 111 km/h) 速度的弹射试验时，展开式防护装置展开不成功。

从展开式防护装置展开，直至伞系统拉直、展开式防护装置收回期间，头部保持在防护装置中心位置且满足颈部载荷要求的成功率为 100%。

弹射试验结果表明，对照 F - 35 颈部载荷要求，展开式防护装置与几种不同型号的头盔配套使用时均能满足颈部防护的要求。

图 3-13 所示为 ACES 5 被动式头颈部防护装置弹射试验。

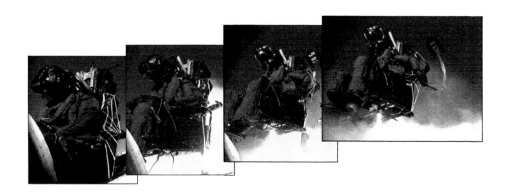

图 3-13　ACES 5 被动式头颈部防护装置弹射试验

弹射试验的结论如下：

① 在一次 600 n mile/h(1 111 km/h)速度的试验中,由于 F-15 滑车后舱所受的气动载荷比前舱大,展开式防护装置在后舱未能完全展开(见图 3-14)。

② 展开式防护装置此前曾多次在高速条件下从前舱成功展开;而在后舱试验时,仅在低速条件下成功展开。

(a) 展开式防护装置释放　　　　　(b) 停止展开　　　　　(c) 展开式防护装置未跟随头部向下移动

图 3-14　600 KEAS 速度下,后舱气动载荷使展开式防护装置未能完全展开

③ ACES 5 项目组根据弹射试验的结果对头颈部防护装置的设计进行了改进(见图 3-15),降低了气动载荷,使其能在任何弹射速度下,从各型飞机舱内的任意位置均能成功展开。

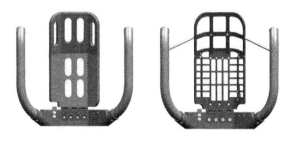

图 3-15　改进前后的头颈部防护装置

5. 头部位置偏差试验

与传统座椅相比，配装头颈部防护系统的座椅，如果头部位置存在偏差（即头部不处于防护装置的中心位置），则乘员头颈部损伤的风险会更大。

2011年，ACES 5 项目组曾使用小号女性假人（103 lb）对改进后的展开式防护装置进行了一次头部位置偏差静态试验（见图 3-16），试验结果如下：

- 颈部载荷未超过小号女性假人（103 lb）耐限；
- 展开式防护装置展开后，与头盔接触时未给头部施加额外的力；
- 展开式防护装置防护杆未与头盔产生钩挂。

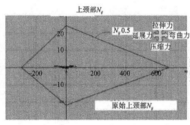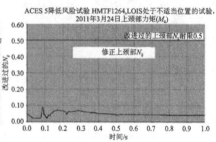

图 3-16　头部位置偏差静态试验

6. 限臂装置

为了更好地保护飞行员免受高速气流损伤，ACES 5 弹射座椅采用了被动式限臂装置，主要有以下几个特点：

- 采用被动式设计，其限臂网展开后最大不超过 61 cm（24 in），且无需通过系绳或挂绳与飞行员连接；
- 该装置可以与各种飞行员装备兼容，包括服装、头盔、盔装显示器以及其他救生设备；
- 该装置已经在弹射速度 450 n mile/h、座椅偏航角小于 20°的条件下完成了风洞试验；
- 经试验测试证明，即使在最恶劣的环境下，该装置仍然能够表现出较好的设计余量，约束飞行员手臂，为其提供充足的高速气流防护，降低其损伤风险。

图 3-17 所示为 ACES 5 弹射座椅被动式限臂装置测试。

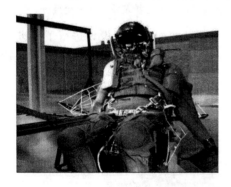

图 3-17　ACES 5 弹射座椅被动式限臂装置测试

图 3-18 所示为 ACES 5 弹射座椅被动式限臂装置工作形式。

7. 限腿装置

鉴于 F-22 和 CMP 联合改进计划的改进经验，ACES 5 腿部约束装置需要克服的最大难

被动式
头颈防护装置

被动式
限臂装置

被动式
限腿装置

图 3 - 18　ACES 5 弹射座椅被动式限臂装置工作形式

点即可靠性最优化、成本和风险最低化、飞机改造最简化。因此,ACES 5 弹射座椅采用了被动式腿部约束系统,为飞行员提供有效的高速气流防护,降低飞行员在高速弹射时遭受甩打损伤的概率。

图 3 - 19 所示为 ACES 5 腿部约束系统正面图。

图 3 - 20 所示为 F - 15 的 ACES Ⅱ 的腿部约束系统,图 3 - 21 所示为腿部约束系统的组件。

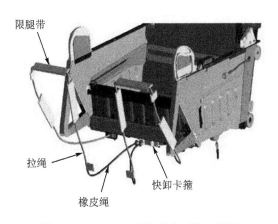

限腿带

拉绳

橡皮绳

快卸卡箍

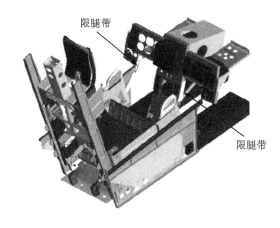

限腿带

限腿带

图 3 - 19　ACES 5 腿部约束系统正面图　　**图 3 - 20　F - 15 的 ACES Ⅱ 的腿部约束系统**

腿部约束系统已经经过小个儿女性标准体重 46.35 kg(净重),以及大个儿男性标准体重 111.25 kg(净重)和 50％ HYBRID Ⅲ 中等尺寸、标准体重 73.35 kg(净重)的假人的全系统试验验证(其中,在 902.8～1 104.45 km/h 的高速试验时,采用 LOIS 和 LARD 假人)。其试验结果证明,该系统能够在高速弹射时有效地约束飞行员的腿部,提高甩打防护的性能。

该系统相对于 ACES Ⅱ 的腿部约束系统主要有以下几个改进之处:

① 采用被动式设计,进舱、出舱时无需任何飞行员附件(进行连接)。

② 无需在飞机的地板或者轨道上增加任何附件连接点。

③ 释放机构简化,组件更少;由于取消了地板附件,大幅减小了飞机改造的工作量。

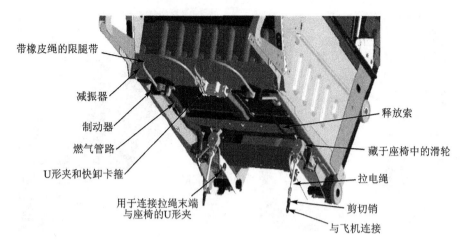

图 3 - 21　腿部约束系统的组件

3.1.4　ACES 5 弹射座椅的稳定系统

1. 弹射座椅的稳定系统的研制背景

ACES Ⅱ 弹射座椅设计时针对的是 20 世纪 70 年代第 5～95 百分位男性乘员的尺寸。该座椅的弹射气动性能表现不稳定,尤其是在高速弹射时,其偏航自转可能导致高速气流吹袭防护装置无法有效地发挥作用,严重影响人/椅系统的稳定性,损伤趋势表现也非常明显。

关于弹射座椅的稳定系统设计思路长期以来一直趋于多样化,如马丁·贝克公司生产的 US16E 弹射座椅采用的是软式稳定装置(减速稳定伞);俄罗斯"星星"公司生产的 K - 36 系列弹射座椅采用的是硬式稳定装置(稳定杆＋稳定伞);美国的 ACES 弹射座椅为满足不同型号的飞机的驾驶舱以及不同的飞行任务,研究了软式、不硬式等多种稳定方案,应用于 ACES Ⅱ 座椅上。

ACES 5 作为美国新一代弹射座椅,其稳定系统(见图 3 - 22)的设计方案包括陀螺微调火箭俯仰(STAPAC)稳定系统、FAST 稳定伞系统以及增强型稳定伞系统。其中,陀螺微调火箭俯仰稳定系统配装所有 ACES 5 的座椅,FAST 稳定伞系统则是为 F - 22 飞机的座舱而设计,而增强型稳定伞系统适用于除 F - 22 以外的其他飞机的座舱。

2. STAPAC 稳定系统

陀螺微调火箭俯仰(STAPAC)稳定系统(见图 3 - 23)是美国空军与日本军方联合(即 CMP 计划)为提高 ACES Ⅱ 的稳定性而研制的新型稳定系统,主要是为人/椅系统提供所需的俯仰力矩。

该系统装于椅盆底部,由一个大型的机械式陀螺仪、伺服阀控制部件和微型火箭发动机组成。通过机械地旋转陀螺仪以促使微型火箭发动机旋转,从而在持续燃烧期间,当座椅向前或向后倾斜时,能够产生合适的俯仰力矩,以纠正座椅姿态。

3. FAST 稳定伞系统

该方案是为 F - 22 设计,并且已经应用于 F - 22 飞机的 ACES Ⅱ P3I 座椅。FAST 稳定伞采用射伞炮开伞,伞炮的结构类似于射出救生伞的射伞炮,取消了直径为 0.6 m 的引导伞。稳定伞装在伞箱内,位于座椅的后上部。稳定伞拉出时间仅相当于 ACES Ⅱ 射伞枪拉出时间的一半。

发散火箭

微调火箭发动机或者T形燃烧器

图 3-22　ACES 5 弹射座椅的稳定系统　　　图 3-23　陀螺微调火箭俯仰(STAPAC)稳定系统

图 3-24 所示为计划配装 FAST 稳定伞系统的 ACES 5 弹射座椅的模块化结构。

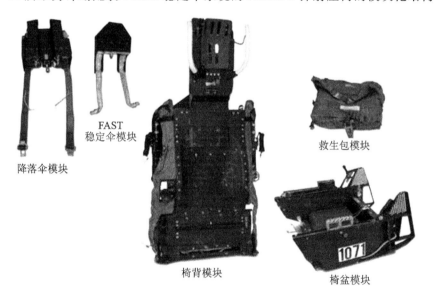

FAST
稳定伞模块

救生包模块

降落伞模块

椅背模块

椅盆模块

图 3-24　计划配装 FAST 稳定伞系统的 ACES 5 弹射座椅的模块化结构

与原标准稳定伞系统相比,FAST 稳定伞系统能够更快地稳定座椅,减小 MDRC 的峰值,增强座椅的稳定性。该方案已经在 F-22 的 ACES Ⅱ PLUS 座椅上进行过测试。通过射伞炮击发的 FAST 稳定伞安装于座椅的后上部。目前,这种方案仅适用于 F-22 座舱,不适用于其他型号的飞机座舱。

ACES 的研制人员曾经多次试图改进 FAST 系统以将其应用于其他飞机座舱中,但均以失败而告终,取而代之的是通用化的增强型稳定伞系统。

图 3-25 所示为装配在 ACES Ⅱ 弹射座椅上的 FAST 稳定伞系统。

4. 增强型稳定伞系统(Enhanced Drogue System)

该方案兼容性强,能够适用于各种飞机的座舱。该系统包括稳定伞伞箱、缓冲装置、拖拽

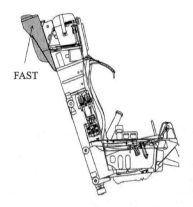

图 3 - 25 装配在 ACES Ⅱ 弹射座椅上的 FAST 稳定伞系统

和牵引火箭(牵引火箭的喷口在顶部而不在底部)。其稳定伞的形状与标准型稳定伞一样,均为 1.52 m 的半流型带条伞。稳定伞单独包在铝制伞箱内,安装位置与标准稳定伞相同。

增强型稳定伞系统的设计原理是:牵引火箭通过一根短钢索拖绳和一个缓冲装置与稳定伞伞箱连接。火箭、缓冲装置仍放置于原标准稳定伞射伞枪和牵引伞所在的位置。火箭传爆管与稳定伞射伞枪的点火器一样,均通过电子程控器点火。由于牵引火箭在椅背上的安装位置是独立的,与稳定伞伞箱分开,所以将稳定伞伞箱拉出的速度非常快。连接绳完全拉直后,将稳定伞伞衣从伞箱中拉出,同时稳定伞开始充气。

图 3 - 26 所示为增强型稳定伞与标准型稳定伞结构对比。

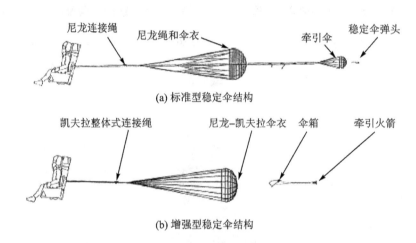

图 3 - 26 增强型稳定伞与标准型稳定伞结构对比

该系统的稳定伞的形状和大小与 FAST 稳定伞相同,但采用凯夫拉伞衣代替尼龙伞衣,用整体式连接绳代替尼龙伞绳和连接绳,从而缩小了伞的体积。稳定伞伞衣和连接绳的重量大约是基础性稳定伞重量的一半,可装入空间更小的伞箱中。

图 3 - 27 所示为整体式连接绳。

与原标准稳定伞系统相比,增强型稳定伞系统的设计优势如下:

① 明显降低过载损伤概率。该系统可使小体型的女性乘员遭受过载损伤的概率更低,同时也降低大体型的男性乘员受伤的概率。

② 收口技术改进。该系统主要对收口比和收口绳做改进。其收口比由原系统的 0.60 降至 0.45,收口切割器的延迟时间规定在 0.2~0.3 s 之间。为了降低最大开伞冲击力,同时也降低 MDRC 的最大值,并有效改善高速弹射时的座椅稳定性,该系统选择了延迟时间名义上在 0.25 s(原稳定伞系统是 0.35 s)的切割器;收口绳改用凯夫拉材料,其载荷强度为 907 kg (2 000 lb)。

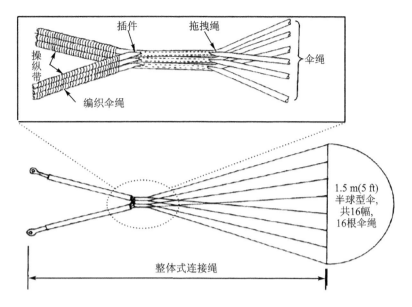

图 3 - 27　整体式连接绳

3.1.5　ACES 5 弹射座椅配套救生伞——GR7000

为满足美国对新一代弹射救生系统的要求,ACES 5 弹射座椅采用了 GR7000 型降落伞。它可以轻易地使体重约 110 kg(245 lb)的人员稳降速度降低到约 7.3 m/s(24 ft/s)。

ACES 5 的配套救生伞——GR7000,其主要特征如下:

- 包伞周期为 5 年甚至更长(计划使用寿命是 10 年),以降低维护成本;
- 手动式包伞,类似于 ACES Ⅱ座椅所配备的 C-9 降落伞;
- 经改造后可直接配装传统座椅;
- 为伞衣提供稳定的驱动力,不需再使用 4 绳释放;
- 与 C-9 降落伞同样具有转向系绳,可操纵转向。

图 3-28 所示为 GR7000 救生伞;图 3-29 所示为 GR7000 救生伞的性能试验;图 3-30 所示为降落伞稳降速度及其造成的损伤风险。

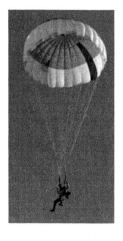

图 3 - 28　GR7000 救生伞

美国空军指标	性能要求	验证结果	合格/不合格
摆动	小于15°	小于10°	合格
稳降速度(ROD)	不超过7.3 m/s (24 ft/s)	吊挂质量约为153 kg (337 lb)的稳降速度是 6.3 m/s(20.8 ft/s)	合格
水平速度	名义上3 m/s(10 ft/s)	3 m/s(10 ft/s)	合格
合速度	不超过9.1 m/s (30 ft/s)	约7.3 m/s(24 ft/s)	合格

图 3 - 29 GR7000 救生伞的性能试验

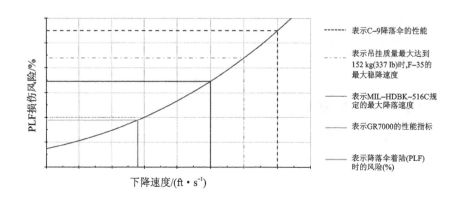

图 3 - 30 降落伞(吊挂质量最大为 152 kg)稳降速度及其造成的损伤风险

3.1.6 ACES 5 与 ACES Ⅱ 的部分特征对比

表 3-1 所列为 ACES 5 与 ACES Ⅱ 的部分特征对比一览表。

表 3 - 1 ACES 5 与 ACES Ⅱ 的部分特征对比一览表

类 别	ACES 5 弹射座椅	ACES Ⅱ 弹射座椅
性能包线/(km·h^{-1})	0~1 111.2	0~1 111.2(根据美国空军安全中心的弹射安全数据显示, 救生成功的最大弹射速度仅能达到 425 n mile/h)
高速气流防护装置	被动式(可展开、可调节式)头号颈防护装置、被动式限臂装置、被动式腿部约束系统	限臂装置及腿部约束系统(无头颈防护装置)
空勤人员适应范围/kg	47.63~111.3(裸重)	63.5~95.25(裸重)
座椅质量/kg	待查	61
配套救生伞	GR7000	C - 9
装备机种	已入选美国空军 T-X、B-2 的项目计划	A-10、A-15、A-16、A-22、B-1、B-2

ACES 5 弹射座椅在保留 ACES Ⅱ 现有优势的基础上,利用新技术改善了原座椅在设计和性能上的局限性,赋予其新特征,旨在满足新的安全性要求,以及降低因不断扩大的乘员体重范围所带来的损伤风险。

　　关于 ACES 5 座椅的试验验证早在 2008 年 4 月就已开始,截至 2019 年 4 月,该座椅已经完成了 800 多个系统级、子系统级和组件的试验,其中包含 43 个弹射试验(其中 22 个是为了验证其可靠性)、2 个平台(包括 B-2A)验证试验以及 6 个 1 112 km/h 速度下的 F-16 弹射试验等。

　　2019 年 10 月,根据英国飞行国际网站的消息,美国空军已经计划给予柯林斯航空航天公司一份独家合同,采购 ACES 5 弹射座椅作为下一代弹射座椅,并计划将其直接装至 B-2 轰炸机上。此外,该座椅还入选美国空军所有 T-X 项目计划,可能会成为美国第五代战机的主要救生装备。

3.2　F-35 联合攻击型战斗机的弹射救生系统

3.2.1　F-35 联合攻击型战斗机弹射装置——MKI6E 弹射座椅

　　2004 年,美国洛克希德·马丁公司实施了 F-35 联合攻击型战斗机(Joint Strike Fighter)的研发计划。该计划被认为是历来规模最大的军用飞机研制计划。除了美国的合作伙伴英国、澳大利亚、加拿大、丹麦、意大利、挪威、荷兰及土耳其等八国参加了这项研制计划外,新加坡和以色列等国也参加了这项研制计划。据说美国国防部还曾邀请了中国台湾参加这项计划。这项计划的最终目标是研制一种具有更强大的战斗韧力、机动性更高的新一代先进战斗机。不少航空专家认为,F-35 联合攻击型战斗机上所采用的许多高新技术将成为"航空业界"的里程碑。新研制出来的 F-35 联合攻击型战斗机汇集隐形、高机动性、高生存性及低成本性于一体,具有全天候、全天时地攻击陆海空任何目标的能力,将成为美军以对地攻击为主的多用途战斗机,其作战能力将是现时战斗机的 2 倍,最大飞行马赫数达 2,作战半径超过 1 000 km。在未来战场上,F-35 联合攻击型战斗机将与 F-22"猛禽"战斗机联手,形成类似于 F-15 与 F-16 的高低搭配。美国国防部曾断言:F-35 联合攻击型战斗机这种"全能战斗机"将成为新世纪美英等国家的主力作战飞机,并将在未来相当长的一段时间内占据世界战斗机家族的霸主地位。

　　弹射救生系统的先进与否是衡量现代战斗机先进性能的重要指标之一。最初参加 F-35 联合攻击型战斗机弹射救生系统竞争方案的有美国的 ACES Ⅱ型弹射座椅、英国的 MKI6E 弹射座椅和俄罗斯的 K-36 弹射座椅。这些弹射座椅在当今世界航空救生领域都享有很高的信誉,无论在技术性能方面,还是在工艺加工方面,都有其独到之处,可以说是"各领风骚",代表了世界上弹射救生技术的先进水平。但经过激烈的角逐,英国的 MKI6E 弹射座椅以其独特的技艺独占鳌头,赢得了 F-35 联合攻击型战斗机的系统研制和验证阶段的合同。洛克希德·马丁公司之所以最终决定由马丁·贝克公司来为 F-35 联合攻击型战斗机提供弹射座椅,主要是根据 MKI6E 弹射座椅较高的技术性、安全性和低成本等优势而综合考虑的。

　　F-35 联合攻击型战斗机系统研制和验证方案在可采购性、寿命周期成本、弹射救生性能、一体化设计、乘员的适应性以及重量等方面都给 MKI6E 弹射座椅提出了较为苛刻的要求。马丁·贝克公司必须在其设计、生产制造以及技术改造等方面采取十分有效的综合措施才能满足方案的要求。

　　马丁·贝克公司为了同时满足 F-35 联合攻击型战斗机研制方案的各项设计要求,对 MKI6E 弹射座椅采用了并行工程设计方法(Concurrent Engineering Approach)。目前,并行工程已成为产品寿命周期管理的工艺规程。在该工艺规程中,相同的设计数据组(使用产品数据库程序 PDM 或 Team - Center 程序)被用于建模、机加工模拟、弹射模拟、质量和寿命周期成本模拟等。产品寿命周期成本管理工艺规程能够保证在制造第一个模型之前的设计全部实现模拟化,并且达到最佳化。Team - Center 数据库在马丁·贝克公司的工程设计和生产制造人员中实现共享,供应商甚至客户也可以通过诸如 e - viz 和 e - mock - up 等软件进行实时连接。这样所有马丁·贝克公司其他部门的工作人员都可以通过"Team - Center"共享软件看到 3D 的弹射座椅模型以及其他更为详细的信息,不断地对设计进行审查,从而缩短设计审查周期,及时发现问题,避免发生差错。

MKI6E 弹射座椅是一种全自动弹射座椅,主要由组合型双弹射主梁组件、椅盆组件、降落伞伞包及其综合背带系统和个人救生包等组成。MKI6E 弹射座椅的椅盆用紧固装置固定在弹射器上。降落伞伞包固定在弹射筒的顶盖上,弹射座椅的综合背带固定在双弹射器组件前上方的弹道快卸锁和椅盆的下部锁上。弹射器的顶部装配了一个能量衰减头靠垫,用以在弹射过程中吸收或减轻空轨侦头盔的撞击载荷;弹射器的后部安装有一个自动备份装置,以便在程控器失效的情况下为降落伞开伞和空勤人员释放程序提供机械备份功能。以往座椅和飞机之间的大量接口连接给操作维护人员带来了许多麻烦,而 MKI6E 弹射座椅为这些接口提供了盲配/自动连接/非耦合等功能。这些接口组件大部分集中在弹射器底梁上,相应的部分安装在导轨之间的座椅接口断接装置上。座椅接口断接装置与飞机上的接口断接装置总是成一条直线,而所有的接口始终处于连接状态。飞机上的接口断接装置有一个弹簧加载盖,用于防止在拆卸时座舱里的杂物进入接口部位和防止意外损坏。马丁·贝克公司的传统设计逻辑是保证座椅以大部件形式,如整个椅盆组件等从座舱中进行拆卸。MKI6E 弹射座椅的椅盆与弹射器之间有许多机械、气动、弹道和电气接口。为了使椅盆这样的整个组件能够更好地从座舱中拆卸,马丁·贝克公司采用了包括模块化设计在内的多种设计方案,确保所有接口可达性和安全性。MKI6E 座椅的椅盆具有 18.8 cm 调节行程,相对于座椅底部飞机连接机构的倾斜角为 5.73°,可以满足状态 1~7 的所有空勤人员的要求,大大地提高了空勤人员的适应性。

为了保证空勤人员良好的舒适性,马丁·贝克公司在 MKI6E 弹射座椅上提供了三个位置的肩部支撑,这样,不管椅盆处于任何位置,椅背靠垫都可以起到支撑作用。对于最大个儿头的空勤人员来说,可以将其肩部支撑移动到最前面的位置上;对于最小个儿头的空勤人员来说,可以将其肩部支撑移动到最后面的位置上。肩部支撑由乘员或地面人员在飞行之前进行装配。

MKI6E 弹射座椅的背带系统是马丁·贝克公司在以往设计的组合背带系统的基础上进行设计的。为了同时适应躯干较长和较短的空勤人员的使用要求,后来对背带系统又重新进行了改进。马丁·贝克公司还研制了一种新的限背系统,这种新的限背系统将在现场进行装配,并与机载设备和组合背带系统相连接。限背系统平时收藏在空勤人员飞行夹克的袖子里,进入座舱时插到快卸盒里面,而在应急离机时会自动释放。另外,在系统研制和验证阶段,马丁·贝克公司研制的水上作动释放系统也在现场进行安装。还有一点值得提及的是,MKI6E 弹射座椅上采用的模块化设计,不仅为现时的安装改进,而且也为今后的安装改进提供了很大的方便。

根据 F - 35 联合攻击型战斗机研制方案的要求,在系统研制和验证阶段,马丁·贝克公司采用英国 HR Smith 公司提供的 500 - 12 无线电信标机代替传统的 URT - 33C/M 信标机和 PRC90 - 20 个人电台。500 - 12 无线电信标机的工作频率是 121.5 MHz、243 MHz 和 406 MHz,能够保证低地球轨道卫星和地球同步卫星有效地跟踪信号。使用 406 MHz 频率可以有效地提供全球探测能力,使营救机构尽早地获取求救者发出的求救信息。500 - 12 无线电信标机上还增加了一个全球定位系统接收器,确保营救人员/机构能够更加精确地探测和确定弹射者、求救者的位置。通常来说,信标机电池的寿命与其他救生物品的寿命不相协调,维修或更换时必须先拆卸个人救生包,这就增加了维修人员的工作量。而 MKI6E 弹射座椅上的500-12无线电信标机可以直接在座舱里拆卸和安装,无须拆卸个人救生包。

3.2.2　F-35 联合攻击型战斗机救生伞系统——IGQ6000 型气动锥形伞

F-35 联合攻击型战斗机装配的 MKI6E 弹射座椅上选用的是欧文公司的 IGQ6000 型气动锥形伞。IGQ6000 型气动锥形伞是在 IGQ5000 型伞的基础上进行改进的。F-35 联合攻击型战斗机研发计划对 IGQ6000 型气动锥形伞的技术要求如下:

① 降落伞的承重范围为 65～83 kg;

② 在规定的承重范围内,降落伞开伞过程中最大的加速度为 25g;

③ 降落伞的垂直下降速度低于 7.32 m/s;

④ 降落伞具有可选择或固定的驱动和转向能力。

IGQ6000 型气动锥形伞是通过采用特殊的降落伞载荷充气技术来满足降落伞充气要求的。该伞在伞顶大约 1/3 伞衣幅高度位置开有一个圆形网状透气缝,在要求高速充气开伞时,透气量为零的伞顶开始增压并利用动压进行充气,从而阻止网状透气缝开口位置以下的中等透气量伞衣进行充气,直到降落伞系统的下降速度达到设定的开伞速度为止;而在低速开伞时,由于动压降低,对伞衣结构不会产生影响,所以在这种情况下,伞衣的充气可以一次完成,不需要分阶段进行。F-35 联合攻击型战斗机选用的稳定带条伞在美国海军通用弹射座椅使用的稳定带条伞的基础上进行了改进,比如:a. 省去了连接吊带,从而在保持稳定伞原来长度的同时增加了降落伞伞绳的长度;b. 增加了收口环,这样使稳定伞具有收口功能;c. 省去了中心绳,同时,还对容易造成伞绳缠绕的因素以及伞绳交汇点的连接进行了研究和改进,从而防止伞绳滑脱,提高了降落伞的整体结构性能。

3.2.3　F-35 联合攻击型战斗机供氧及个体防护装备

目前,美国的军用飞机上通常除了安装一个椅装式的跳伞氧气瓶外,还在飞机座舱里安装一个备用氧气瓶,而 F-35 联合攻击型战斗机选用的 MKI6E 弹射座椅上同样也安装了一个备用氧气瓶,但这个备用氧气瓶是横向安装在弹射座椅的顶部。另外,MKI6E 弹射座椅上还安装了一个风扇式过滤装置,以便对进入到座舱里的空气进行过滤,并通过有关的连接装置连接到飞行员头盔面罩里,从而去除头盔护目镜上的雾气。F-35 联合攻击型战斗机选用的 MKI6E 弹射座椅上将装配一种由英国 BAE 公司研制的新型盔装式显示系统。这种新型的盔装式显示系统是以欧洲"台风"战斗机上使用的头盔为基础而研制的。在常规的机动飞行和弹射期间,飞行员头部的重量、头盔的表面积以及惯性力矩的变化等都会对飞行产生不利影响,比如颈部疲劳、颈部和头部损伤等。由于 F-35 联合攻击型战斗机增大了空勤人员头部的重量,同时也扩大了空勤人员的人员结构,首次正式采用女性空勤人员,所以采用了新的头部和颈部载荷极限标准,从而降低了损伤风险率。按照要求,设计时应该尽可能地减轻头盔组合体的重量,并使其重心尽量靠近主轴,外壳的强度必须能够承受头靠垫缓冲和地面碰撞载荷,而且保证在整个弹射救生阶段都能够提供令人满意的抗衰减能力。为了保证在人/椅分离之后头盔仍然能为空勤人员提供可靠的头部防护能力,马丁·贝克公司正在与头盔外壳供应商(英国头盔综合设备有限公司——HISL)一道,模拟和评估综合头盔与头靠垫碰撞衰减性能。

MKI6E 弹射座椅的盔装显示系统上具有 2 个功能性的座椅接口界面,即头盔发射装置和快速断接接头(QDC)。由于头盔发射装置是安装在头靠上的,实际就成了一个磁场发生器,因此,要求马丁·贝克公司用复合材料代替所有的金属材料结构。头盔上的接收器对发射装置磁场进行探测,其输出电压与头盔位移成正比。头盔发射装置信息通过座椅界面断接接头和飞机界面断接装置传送到飞机上,快速断接接头作为头盔和座椅之间的电子连接接口。这种安装在座椅上的快速断接接头能够保证在出舱和弹射期间的机械性断开与时间、方向及载荷释放的控制相一致。另外,由于在座椅上安装了接头装置,与传统的安装在仪表板的形式不一样,增加了可达性,扩大了空勤人员的适应范围。快速断接接头采用了更为安全的设计方法,使其能够在座舱直接进行更换,避免在拆卸时碰撞损坏。快速断接接头直接安装在"手臂安全离机"(ann-safe-e-ess)手柄上。在应急离机期间,空勤人员使头盔接头装置放在座椅的侧边,并使"手臂安全离机"手柄处于"保险"状态,当"手臂安全离机"手柄处于"离机"状态时,快速断接接头的头盔一侧被强制释放,接着座椅一侧的信号灯自动熄灭。

新型的盔装显示系统将是一个由强力处理机、图形处理机和图形处理机模块驱动的高分辨率、双目镜、双物镜系统。其头位跟踪器以"台风"的头位跟踪器为基础,是一种高速、高精确度、低等待时间的光学系统。这种显示系统将显示平视显示器图像字符和 F-35 联合攻击型战斗机传感器上的视频图像,并能与头盔上高分辨率夜视摄像机相兼容。目前,F-35 联合攻击型战斗机的整个头盔系统已通过了一系列的试验,包括大过载和稳定性试验等。该头盔系统采用了一体化的最佳设计,保证了防护、生命保障和光电系统的兼容性和通用性,配备了核、生、化等环境保护用的防毒面具。

美国国防部对 F-35 联合攻击型战斗机的设计重量提出了相当苛刻的要求,因此,如何既能减轻整个飞机的重量,又能达到最初设计的总体性能,是对主承包商洛克希德·马丁公司实施和完成承包项目的一大挑战。为了解决重量问题,美国五角大楼已宣布为 F-35 联合攻击型战斗机增加 50 亿美元的研制成本,并将该项目延迟一年。洛克希德·马丁公司也正在寻求减轻 F-35 联合攻击型战斗机蒙皮重量的方法,打算通过改变隔框间距与蒙皮厚度之间的比率来减轻飞机的总质量 2 000 lb(908 kg),再从机体结构及内部设备等方面减轻 90 kg 左右。这理所当然也涉及到弹射救生系统质量的减轻和限制问题。因此,先要求弹射座椅的质量减轻 30%,后来又要求弹射座椅的总质量不超过 64 kg(包括氧气系统和生存设备)。根据这一要求,马丁·贝克公司利用多年的设计经验和技术特长,对座椅的结构进行了多次调整和改进。他们把两根管状弹射气缸(筒)作为弹射推进系统,同时也作为座椅的主要结构,并对其他相关的零部件作了改进。

F-35 联合攻击型战斗机上配套的 MKI6E 弹射座椅,毫无疑问代表着新一代弹射座椅的最高水平,并相信在未来很长一段时间内会在世界航空救生领域占据主导地位。MKI6E 弹射座椅成功的研制、改进经验及其精湛的技艺和卓越的性能为我国第四代弹射座椅,也包括现役和在研的弹射座椅的研制与改进都起到了很好的借鉴作用。

3.3　苏-57 的 K-36Д-5 弹射座椅

俄罗斯"星星"科研生产股份公司总经理兼总设计师谢尔盖·波兹德尼亚科夫在介绍 K-36Д-5 弹射座椅(见图 3-31)时曾说:"研制新一代应急离机设备的主要任务是降低最低安全弹射高度,减轻座椅重量,提高飞行员在座舱中工作的舒适性"。因此,结合现代飞机的性能,俄罗斯"星星"科研生产股份公司设计五代机的应急离机设备时考虑了如下几点要求:

- 提高极限状态(最大高度、速度和马赫数)和超机动状态下的救生概率;
- 降低最低安全弹射高度,这在俯冲或者倒飞时尤为重要;
- 提高弹射防外伤安全性以及飞行员工作舒适性的要求;
- 扩大飞行员体重指标范围;
- 减轻座椅重量并缩小座椅外形尺寸。

"星星"科研生产股份公司官网发布的消息称,К-36Д-5 弹射座椅的救生包线为:

- 速度:0~1 300 km/h(Ma 不超过 2.5);
- 高度:0~20 000 m;
- 整套设备的质量(含应急救生包):不超过 100 kg。

图 3-31　К-36Д-5 弹射座椅

与 К-36Д-3.5 相比,К-36Д-5 弹射座椅保留了四代座椅的基本设计思路和工艺,其性能更好,在以下几方面进行了改进:

① 程控器与机载计算机系统相连,通过传感器确定最佳开伞时刻。座椅程控器的工作状态发生了实质性的变化,实现了程控器与机载计算机系统相连,并且座椅程控器上还安装了若干个过载传感器。通过传感器给出的参数即可确定最佳的救生伞开伞时刻。座椅配装的救生伞开伞指标为 650 km/h,比西方同类产品高出近 100 km/h,增加了救生机会。

② 增加座椅电加温系统。К-36Д-5 座椅安装了电加温系统,可以对其椅盆座椅背进行电加温,因此即使在严寒条件下也能保障舒适度。

③ 增加椅背向前倾斜机构,提高舒适性。飞行员一天需要飞行几个小时,尤其是特技飞行过载作用时,脊柱所承受的载荷较大。为此,该座椅加装了椅背向前倾斜机构,使椅背既可以在地面上调整倾斜度,也可以在飞行中即时调整,这一点在空战中极为重要。因为这样可以改善飞行员的上方视野,飞行员头部向后仰的幅度可以更大一点,从而提高飞行员的工作舒适性。

④ 增加无级坐高调节机构。飞行中,飞行员被背带系统约束在座椅中,并借助肩带和腰带拉紧机构固定。为 К-36Д-5 弹射座椅新设计的无级坐高调节机构可保障飞行员在座舱中工作舒适,视野开阔。

⑤ 配装自主电源组件与用火工品。К-36Д-5 座椅上还装有自主电源组件,其工作状态的输出时间不超过 0.3 s。另外,还针对 К-36Д-5 座椅与门研制了火药,其工作温度范围为 -60~+74 ℃,且在服役期间无需更换。

图 3-32 所示为 К-36Д-5 弹射座椅进行风洞试验,图 3-33 所示为 К-36Д-5 座椅高速弹射过程的数学仿真。

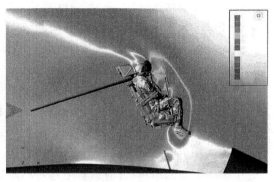

图 3 - 32　K - 36Д - 5 弹射座椅进行风洞试验　图 3 - 33　K - 36Д - 5 座椅高速弹射过程的数学仿真

3.4　国外新型弹射座椅程序控制技术

　　新型弹射座椅是在不断满足飞机发展的基础上出现的,随着飞机机动性能的提高和敏捷性技术指标的提出,对弹射座椅的救生性能也不断地提出了更高的要求,尤其是对在飞机高速和低空不利姿态条件下弹射救生的需要更是迫在眉睫,因为这将直接影响到飞机高性能的充分发挥。因此,研制新型弹射座椅应主要从以下几个方面进行:高速气流吹袭防护与约束系统、可选择推力姿态控制的火箭、可控制推力的弹射筒、数字式程序控制系统(如微计算机式程控器和先进的传感器等),只有将各种新技术有效地结合在一起,合成后总效率达到最高,才能使新型弹射座椅具有极高速和低空不利姿态条件下的最优的救生性能。于是,在座椅应急弹射过程中,如何控制各系统工作的启动时间、工作持续时间和工作状态,以及采用何种控制手段来获取信息、发出指令,使各系统协调有序地工作,成为实现座椅最优救生性能的重要保证。而解决这一系列问题的关键就是新型弹射座椅的核心技术——程序控制系统。它采用自适应的程序控制技术,即对弹射离机时的不同状态(飞机的高度、速度和姿态等)进行连续性感受,自动选择并调整座椅各系统的工作状态及程序。为满足弹射座椅可靠性的要求,程序控制系统还应具有两套或三套的设计余度。

　　新型弹射座椅的程序控制系统包括信息感受系统、信息处理系统和信息传递系统。下面分别对它们的基本功能、工作原理及关键技术进行分析,提出程序控制系统的初步设计思路。

3.4.1　信息感受系统

　　先进的信息感受系统是新型弹射座椅程序控制系统的基础。通过对座椅各子系统的功能、性能及工作模式的分析,确定座椅的哪些系统需要根据弹射离机时的状态进行连续性感受控制,希望各系统达到怎样的性能;明确各机构完成哪些功能,座椅的信息感受系统需要感受哪些信号参数,采用哪些传感器来感受,以及如何在座椅上安装和使用,才能达到准确真实地感受所需的信号参数并迅速转化为可输出信号的目的。

　　通过对新型弹射座椅各系统性能和功能的分析,大致可以确定座椅需要连续感受控制的对象为:通道清除系统的方式选择、弹射机构的初速度大小、火箭发动机推力大小、方向调节和是否启动点火、火箭姿态、稳定系统及导流板是否启动工作等。

　　新型弹射座椅的通道清除系统有穿盖和抛盖两种形式,当座椅低空弹射时,可采用穿盖弹射,以减少弹射时间的损失;当座椅高空弹射时,采用抛盖弹射可以减少穿盖弹射施加给飞行员的载荷,因此,需在弹射准备程序中进行感受并选择采用哪种形式。

目前,国内各型座椅设计使用的弹射机构均采用固定性能的弹射机构,按照设计准则,弹射机构的性能是按最重乘员、最低环境温度和最大飞行速度来确定的,这样设计出来的弹射机构被用到小重量飞行员在一定飞行高度和小速度情况下弹射时,就会出现过大的过载值,本来是一种有利于安全救生的环境状态,反而使飞行员增加了不必要的受伤概率,这就需要研制能量可分级控制的弹射机构,并通过感受速度、重量、温度等信号参数进行调整,使弹射过载符合不同飞行员所能承受的过载能力。

当飞机处于过载状态下,座椅低空弹射时要求增加弹射推力,以保证弹射轨迹高度,不至于与尾翼相碰或救生伞未打开,因此座椅需要启动火箭发动机工作以确保弹射足够的高度。而在飞机处于大横滚角、大速度沉降状态下,座椅弹射时则可以通过自动断开装置控制火箭发动机和稳定系统不工作,在允许开伞时救生伞在座椅从滑轨脱离的瞬间开始打开。因此,就需要按座椅弹射时的不同姿态,对火箭发动机是否启动及其推力大小与方向进行相应的调整,对稳定系统是否启动进行控制。在飞机处于小速度、大横滚角状态下,座椅弹射时稳定杆已无法满足座椅的稳定性要求,应先后启动座椅的两个侧向姿态火箭来不断校正弹射姿态。当救生伞开伞时,为了控制座椅姿态,使救生伞载荷的作用方向与飞行员脊椎相平行,减少其受伤的机会,也需要连续性感受功能来控制姿态火箭,以达到控制座椅姿态的目的。

对于导流板防护装置,座椅需要通过感受弹射时的速度信号,决定是否射出导流板以对飞行员进行高速气流吹袭防护。当座椅弹射出舱后,人/椅分离系统需要选择立即开伞或延迟开伞的时间,考虑到伞本身所能达到的性能和减小伞作用在飞行员身上的开伞动载,以及开伞时间是否能有效地保证弹射救生成功,座椅就需要通过连续感受信号参数来选择最佳的开伞时间。

按上述各系统的工作要求,可以初步确定需要连续性感受的信号参数有:表速、真速、绝对高度、相对高度、俯冲角、攻角、侧滑角、横滚角、横滚角速度、下沉率、大气温度、弹射重量(含过载)等。其中表速、真速、绝对高度、相对高度、攻角、侧滑角、下沉率可以通过气动探针式传感器感受,横滚角、横滚角速度、俯冲角可以通过陀螺仪感受,温度可用热电偶传感器、过载采用加速度传感器、重量用力传感器即可满足要求。这些信号参数被各传感器感受后迅速转化为输出信号进入信息处理系统,从而交叉立体式地控制各系统的工作程序。

在此,本书仅初步提出座椅的哪些系统需要连续性控制调整,哪些信号参数需要连续性感受和相应使用的传感器;而对诸如每一个接受连续性控制调整的系统相对应地需要感受哪几个信息参数,各传感器尤其是气动探针和陀螺仪在座椅上的具体安装位置及如何使用,各传感器能达到怎样的精度,其误差和修正系数如何确定等问题,还需要进一步的分析研究,以待解决。

3.4.2　信息处理系统

信息处理系统是座椅程序控制系统的"大脑"。为了收到自适应的连续控制效果,先进的微计算机作为信息处理系统的中心控制机构是必不可少的,它采集座椅和飞机上的信息感受系统传来的信号(这些信号是它进行逻辑判断,决定座椅弹射程序的主要参数),按照预先存入的编制好的计算机程序准确迅速地进行数据处理和逻辑判断,再输出信号给信息传递系统,指挥座椅的各执行系统按预定程序协调有效地工作。微计算机还可把输入的飞机飞行参数信息和座椅弹射参数信息存储在座椅上不会摔坏的存储器内,类似飞机上的"黑匣子",供发生事故后分析问题使用,也为进一步改进和提高座椅的救生性能提供有力的参考数据。

因此,给出座椅各种弹射状态的模式以及编制相应的计算机程序则成为该先进信息处理系统的技术关键。通过对座椅系统建模,给出数学方程,根据已确定的弹射状态参数(表速、真速、绝对高度、相对高度、下沉率、攻角、侧滑角、俯冲角、横滚角、角速度、重量、高度等),进行弹射救生系统的数字仿真,获得弹射救生系统在各种弹射状态下的完整的性能数据;然后对各状态下相应的控制程序进行优化性设计,从而确定各系统在不同参数值下的工作时刻、工作持续时间和具体的工作状态;最后编制成计算机程序并输入座椅微计算机。

在此,本书仅给出怎样确定座椅弹射状态的模式和编制程序的思路,对于诸如弹射座椅在哪些不同的参数值下,具体值是多少,所对应的每一种状态模式是什么;每一种状态模式对座椅各系统的程序控制有哪些具体的要求,各系统相应调整到何种状态;对各状态下相应的控制程序进行怎样的优化性设计等问题,还需要更深一步的分析、研究和解决。

3.4.3 信息传递系统

信息传递系统是将信息处理系统传来的信号按既定的路线输出给相应的执行机构以完成全套救生程序的系统。它可分为机械式、燃气式、导爆管式和电子线路式等多种传递形式。国内例行生产和使用的座椅多采用机械的和燃气形式的传递系统,前者结构布局复杂、占用空间较多、重量大,维护性不好;后者用燃气能量作为载体,在高强度的金属导管内传输,存在着严重的热能量损失,受到金属导管以及各使用状态的影响和限制。而导爆管式和电子线路形式的传递系统,传递速度快,相对重量轻,使用维护性好,可靠性高,布局灵活,体积小而紧凑,节省空间。

导爆管传递系统由起爆结构、连接件、导爆管和扩爆机构等组成。该系统具有一个起爆端和由一个出口端同时起爆多根导爆管的特征。它体积小,重量轻,可以在任意方向和角度上进行信息和能量的传递。当来自信息处理系统的信号接通起爆机构时,冲击波在连接件和导爆管内(管内为爆轰波)传输,在其输出终端由扩爆机构转化为能量,推动系统各机构工作;当信号处于断开状态时,起爆机构中断,则导爆管无冲击波信号。塑料导爆管传递系统在美国 S4S 座椅上已被使用,被称为 TLX,爆轰波传递速度达 1 981 m/s,导爆管的单位长度质量仅为 23.8 g/m,可以看出此种传递形式的传输速度之快,重量之轻。

电子线路传递系统包括线路电源、电源接头、屏蔽导线、接电爆管的电接头和信号接头。机上电源通过电源接头给座椅电系统供电,通过信号接头给座椅输出信号。信息处理系统发出指令,接通座椅电路系统,电信号通过电子线路输出到末端接电爆管的电接头土,电爆管丝极上有电压就起爆,点燃火药,从而启动系统各机构工作。电子线路传递速度快,电线布局灵活,但对于整套电系统必须设有电磁屏蔽,使其免受干扰,确保信号传输准确、可靠性高。因此,新型座椅的信息传递系统应该以导爆管形式和电子线路形式为主,而以少量的燃气和机械传输形式为辅,它不论对提高座椅的性能还是减轻座椅的重量,都将具有不可估量的意义。

3.4.4 新型弹射座椅程序控制系统设计构想

通过对信息感受系统、信息处理系统和信息传递系统的分析,本书提出新型弹射座椅的弹射程序控制系统设计构想,现就弹射程序流程图进行简要说明。当飞行员按下弹射启动按钮或多座被动弹射或机上信号自动弹射发出信号时,先由机上电源向座椅电系统供电,接通座椅的微计算机信息处理系统,同时启动座椅的自动电源,机上电源出现故障时由应急电源启动,保证在机上电源断开后,座椅的全套电系统仍正常工作,此时座椅进入全自动弹射程序。

首先,信息处理系统启动其模块 1,模块 1 发出指令,用来控制座椅弹射出舱前的准备程序。通过导爆管点燃火药和通过电子线路接通电爆管点燃火药双余度的启动约束系统,在约束系统高压燃气的作用下,肩带拉紧机构、腰带拉紧机构、限臂装置、抬腿机构工作,座椅靠背角自动调节装置工作(即座椅靠背由正常飞行的工作位置迅速调整到应急离机的弹射位置),使飞行员由正常飞行的操作状态调整到准备应急弹射离机的最佳姿势;电信号接通,头盔滤光镜下放;接通延迟继电器,保证弹射机构启动前约束系统到位,通道清除系统工作完毕即座舱盖已抛掉或已被舱盖微爆索炸碎;同时发出指令给模块 2。模块 2 是控制座椅弹射出舱时的程序。根据飞机上的信号,模块 2 选择应急通道清除系统是采用抛盖弹射还是穿盖弹射,并通过电信号和导爆管双余度启动。当应急通道清除系统出现故障时,也可由飞行员用手自主接通通道清除系统;同时模块 2 还采集座椅和飞机的信息感受系统传出的信息参数,如飞行员重量、弹射时速度、温度等来选择弹射机构状态,并迅速通过电信号启动电爆管调整弹射机构。

在弹射通道已清除,弹射机构状态调整到位,延迟继电器工作完毕时,模块 2 发出指令通过电信号和导爆管启动弹射机构,弹射机构推动座椅沿滑轨向上运动,上升过程中实现腿部拉紧并定位,机械接通座椅氧气系统,如出现故障,则手动自主接通氧气系统,同时发出指令给模块 3。模块 3 是控制座椅弹射出舱后自由飞行阶段的程序。根据座椅信息感受系统传来的信号参数,模块 3 选择火箭发动机的推力大小和方向,并通过电信号断开或通过电信号和导爆管调整和启动火箭发动机;同时模块 3 发出指令通过电信号断开或通过电信号和导爆管双余度启动稳定系统、导流板;选定两姿态火箭启动的时间间隔并通过电信号断开或通过电信号和导爆管双余度启动;选择射伞机构的最佳射伞时间,通过电信号和导爆管双余度启动。在射伞机构的高压燃气作用下,一路射出救生伞,一路启动腰带的切割器,释放腿带、肩带。在伞箱和座椅分离过程中,机械收回限臂装置,此时完全解除人/椅约束,人/椅分离。分离过程中启动救生物品包的燃爆切割刀,救生物品包自动开包,人乘伞并携带救生物品包降落获救。座椅信息感受系统和信息处理系统的所有信息参数和数据记录都输入座椅的信息储存器。

新型弹射座椅的救生性能包线将追随飞机性能包线的发展而不断地提高其符合性。要解决飞机大速度及低空不利姿态下的救生问题,必须研制先进的高速气流防护与约束系统、可控的动力系统,以及具备连续感受、连续控制能力的程序控制系统。而新型的程序控制系统又是使座椅新技术合成后的效率达到最高的关键,它突破了传统的程序控制模式,即固定时间的模式和感受高度、速度参数的双态控制模式,而采用连续性感受飞机及座椅全系统信息的自适应数字式程序控制技术,使系统能够按预定的工作状态和程序,连续快速地、受控可调地工作。它具有感受信息全面、处理及传递信息快捷、可靠性更高、维护性更好、体积小及重量轻等优点。因此,研制并使用新型的程序控制系统必然使弹射座椅的救生性能跨上一个新的台阶,飞机性能也将在弹射座椅最优救生性能的保障下得到充分的发挥。

第4章 国外直升机和载人航天器弹射救生装备

4.1 国外直升机弹射救生装备

统计表明,大部分直升机事故都发生在其高速垂直下降的低空撞地状况下。现代直升机结构的设计能够吸收部分撞击力,并防止座舱毁坏,但是传递到乘员身上的载荷仍会超过生理耐受极限,导致严重的伤亡事故。

为了有效提高直升机乘员摔机时的防护救生能力,研究人员设计出各种型号的直升机抗坠毁座椅。这种座椅能够在一定的摔机条件下,通过座椅支架上的吸能装置吸收过大的加速度力,将传递到乘员身上的载荷控制在允许的范围内。

研究人员还设计出牵引弹射型直升机乘员座椅并装机使用,但是终因技术的复杂性,没能像吸能抗坠毁座椅那样获得更广泛的认同。

4.1.1 国外直升机弹射救生装备——英国篇

1. 马丁·贝克抗坠毁座椅系列

虽然马丁·贝克公司很早就在直升机乘员弹射座椅救生设备研制方面处于领先地位,并向 NASA 交付了两套这样的设备,但是这种设备并未得到广泛的认可。作为一种备选方案,该公司研制了一系列装有吸能装置的特殊座椅,这种座椅因为具有抗坠毁能力,所以大大地增加了乘员获救的机会。

马丁·贝克公司现在已经研制了一系列能够满足直升机特殊安全需要的座椅,而且每一种型号的座椅都体现了适合不同乘员和飞行任务要求的特点。比如,飞行员座椅上安装一个垂直和前后调节装置,后部座舱乘员座椅能够前后和侧向移动,并配备了能够保证乘员在仍然安全固定的情况下站起来的特殊背带。

上述座椅的特点是能够提高乘员的工作效率和安全性;另外,还可以为飞行员提供装甲式座椅和非装甲式座椅。装甲式座椅的椅盆能够保护乘员免受多发 7.62 mm 或单发 12.5 mm 穿甲弹的伤害。

这些产品可用来为军事和民航飞行员和乘客提供服务和保护。

其中,装甲乘员座椅装配于 Eurocopter Tiger、Denel Rooivalk、Sckorsky、S-92、Agusta A129;一般乘员座椅用于 S-92 Helibus;旋转式座椅用于 EC135、Nimrod MRA4 MDExplorer;多用途座椅用于 S-92M、EHIOI、NH-90;乘员座椅用于 S-92 Helibus、NH-90、EHIOI NIMrod MRA4、S-76C+、S-70 等。

2. 装甲式乘员座椅

马丁·贝克公司设计的装甲式乘员座椅(见图 4-1)可满足最新弹道防护要求,可适用于 CH-4Chinook 等飞机。

该座椅扩大了乘员的适用范围,可为裸重 46.8~115.8 kg 的乘员提供摔机防护。座椅扶手采用羊皮蒙包和可调节的腰部支撑,舒适性好。为了进一步增强舒适性并保证乘员完成飞行任务的有效性,设计时采用了限制飞机振动传递的技术。

3. 非装甲式乘员座椅

非装甲式乘员座椅(见图 4 - 2)的设计满足最新的适坠性规范 FAR/JAR 27/29 部或 MIL - S - 58095A 安全标准,以及 FAR. 25. 853(b)抗燃性的要求。该座椅按照 MIL - STD. 810 环境试验要求进行了一系列的试验。此种座椅采用了已验证的能量衰减系统,以及按照 SAE AS8043 要求设计的五点式背带系统。

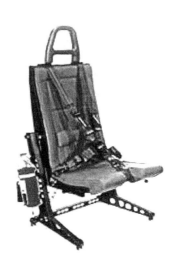

图 4 - 1　装甲式乘员座椅　　　　　图 4 - 2　非装甲式乘员座椅

非装甲式乘员座椅的座面不但重量轻,而且带有软垫,固定在两根轻合金垂直导轨和支承结构上。轻合金支承结构包括一个能量衰减系统和固定在驾驶舱地板上的地板附件。能量衰减系统包括安装在垂直导轨上的硬化切割器。切割器穿过导轨,与在各导轨内侧的轻合金沟槽啮合。在正常飞行时,两个预定切力值最小的剪切销固定在椅盆组件上。如果座椅和乘员承受的垂直载荷超过了预定载荷,则剪切销被剪断使椅盆和乘员沿垂直导轨向下运动。座椅的约束系统采用了五点式背带,背带包括自动惯性卷筒和整体式负 G 值带。在正常飞行状态下,自动惯性卷筒可以保证乘员躯干自由活动,而在加速度过大时,卷筒自动锁闭以保护乘员。高强度快卸接头和负 G 值带相连,以保证在背带拉紧时,腰带可以正确定位,而不会因肩带拉得过紧而调整不当。手动控制安装在座椅上的控制机构可以垂直调节乘员座高,使平衡的座面按要求垂直定位。

4. 实用型抗坠毁座椅

图 4 - 3 所示的是由马丁・贝克公司研制的经济实用型抗坠毁座椅。该座椅可装备多种军用和民用飞机。

该座椅满足最新调节范围要求,适合裸重在 46.8～112.2 kg 范围内的乘员乘坐。座椅装机质量轻(小于 6.8 kg),安装拆卸方便且可折叠。座椅折叠后可为其他活动提供更宽阔的空间。

(1) 技术特点

计划为 Eurocopter NH90 和 S - 92 设计,并选用轻型可折叠式,且拆装快速。拉动两个销针便可快速拆卸,而且在座椅定位后拨动销针便可重新安装它。不使用时,座板上折并锁定。

抗坠毁性满足 FAA/JAR 第 27/29 部。

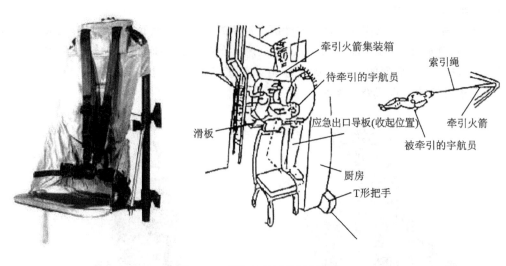

图 4-3 经济实用型抗坠毁座椅

（2）装备机种

CH-53E、EH 101 Metlin 等。

5. 空降人员/空中射击员座椅

由马丁·贝克公司为黑鹰（Black-Hawk）UH-60M 直升机设计的座椅分为两种：空降人员座椅和空中射击员座椅。11 台空降人员座椅在座舱中采用前后面对面安装，2 台空中射击员座椅安装在侧面，共 13 台座椅（见图 4-4）。空降人员与空中射击员座椅的主要区别是空中射击员座椅装有 3 个 MAI6 惯性卷筒和 1 根直立背带。座椅主导轨设计考虑了加固座舱盖的因素，它提高了座舱整体抗坠毁性和摔机时乘员生存保护能力。

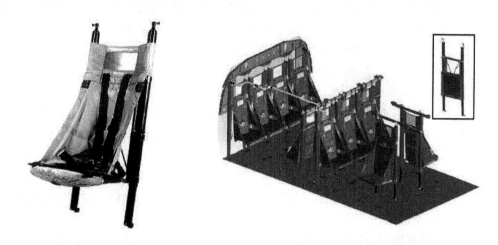

图 4-4 空降人员/空中射击员座椅在 UH-60M 直升机上的配置

这样设计的空降人员与空中射击员座椅，在向下摔机过程中座椅组件沿垂直导管下滑从而激活衰减系统。

技术特点如下：

- 专为黑鹰（Black Hawk）UH-60M 直升机设计和选用；
- 重量轻，可折叠，便于快速拆卸及安装；
- 按军用标准 IAW 试验，满足 MIL-STD-810 环境试验要求。

6. 转动式/移动座椅

图 4-5 中所示的座椅是一种转动和移动式乘员专用座椅。该座椅是为了适应 Black-
Hawk 直升机 UH - 60L MEDEVAC 系列要求的最新乘员
调节范围和抗坠毁救生标准而设计的。它完全可与现有座
椅互换,并适用于 CH - 47 Chinook 等其他飞机。这种座椅
具有完全转动、前后移动及调节重量的能力。此外,它能快
速重新定位以保障完成不同的飞行任务。供选择的直立背
带增强了灵活性、移动性和舒适性。

技术特点如下:

- 按 FAR/JAR 第 27/29 部和美军安全性标准进行试
  验;
- 试验满足 MIL - STD - 810 环境试验要求;
- 重量轻;
- 已验证吸能系统;
- 四点式直立背带。

7. 多用途/空降人员座椅和空中射击员座椅

多用途/空降人员座椅和空中射击员座椅(见图 4 - 6)

图 4 - 5　转动式/移动式座椅

是为 Elarocopter、NH90 和 S - 92 方案设计和选用的座椅。该座椅具有重量轻、可折叠、可拆
卸和安装快速等特点。其适坠性满足 FAR/JAR27/29 部的要求。

图 4 - 6　多用途/空降人员座椅和空中射击员座椅

座椅骨架由两根直径为 1.5 in(3.8 cm)的 U 形管组成,两根 U 形管通过两个铰接头和十
字管连接。一根 U 形管构成座椅靠背,另一根涂有薄薄合金层的 U 形管构成了座椅的座面。
铰接头和两根热固聚酯带支撑着座面,在垂直靠背和座面之间的热固聚酯带缚在 U 形管上。

聚酯材料的弹性差,因此可以将舱面动力过调量降至最低,这样在摔机过程中回弹量小。
另外两根热固聚酯安全带在摔机脉冲衰减过程中辅助支撑座面。座面可以自由向上转动,便
于收藏。可以用锁锁住收藏起来的座面。在收藏状态时座椅仅有 6.2 in(15.7 cm)厚。

向上提起释放手柄可以从座舱舱壁上卸下完整的座椅。在不到 5 s 的时间内可以完成座
椅的安装和拆卸。

座椅靠背的结构钢管在两个导轨组件上运动,每个导轨组件由上、下支架和垫板组成。每个支架装有带有 PTFE 衬套的套环,轻型合金衰减器钢索附在上支架上,在切断过程中钢索可以自由摆动进行自动调准。切割器通过一个带有锁销的接头固定在钢管上,直到断开载荷,在衰减器钢索上的肩膀才能移动。当座椅沿导轨向下运动时,切割器从衰减器钢索两侧切断钢索,限制传递到乘员身上的载荷,从而锁销和在垫板上的每个槽啮合以防止回弹。剪切过程中产生的金属碎片引入到在切割器侧面上的孔内以防止阻塞。

该座椅采用四点乘员约束子系统,包括一根腰带和两根肩带和一根单点连接-释放搭扣。背带符合 FAR/JAR 299.785,已经通过 Tso-C114 批准,并且满足 SAE AS 8043 的要求。

8. MK·HACS 直升机抗坠毁座椅

MK·HACS 座椅是马丁·贝克公司为意大利阿古斯塔公司的直升机研制的抗坠毁座椅。它能更好地保护直升机上的空勤人员,不仅能承受坠机加速度的作用,而且还能经受小型武器的射击。座椅椅盆由凯夫拉和碳化硼陶瓷装甲板制成。椅盆上装有一具舒适的软坐垫,救生包装在该坐垫下。背垫为乘员提供必需的腰部支撑,坠毁时能迅速从椅盆下拉出并开始工作。背带系统简单,能快卸,在摔机时可保护乘员免受损伤。座高调节范围一般为 $100\sim152\ mm$,满足不同身高驾驶员的要求。座椅及其设备都连接在吸能系统上,该吸能系统由钢拉杆和沿 G_x 轴向固定的圆管组成。坠毁时,如座椅和乘员受到过大的垂直加速度的作用,则钢拉杆被迫穿过圆管而变形,因此可吸收冲击能量。这样,椅盆在坠机时的加速度受到控制,可把传给人体的峰值加速度控制到可承受的程度($50g$ 降至 $20g$)。该座椅重达 $39.21\ kg$,装备在 A129"猫鼬"反坦克直升机上。

4.1.2 国外直升机弹射救生装备——美国篇

1. AAATS 抗坠毁座椅

AAATS 抗坠毁座椅由 ERST/WEST 公司研制,该座椅可吸收各种不同的能量为乘员提供最大的保护。它适用于第 5 百分位的女性~第 95 百分位的男性,可在 10 s 内快速安装和拆卸,不用时又可折叠收藏。椅背可调节,垂直行程为 $8\sim13.5\ in(20.32\sim34.3\ cm)$。座椅的吸能系统由 ERST/WEST 设计,代表当前水平,主要用于吸收和限制冲击载荷。另外还有便于更换的 VCEAS,在正常飞行状态下,硬着陆时,如果 VCEAS 被启动,则几分钟内便可更换掉。背带约束系统是通过单点释放机构进行释放的。AAATS 为多用途座椅,可以很方便地安装在任何旋翼机上。该座椅质量小于 $15\ lb(6.8\ kg)$,装备在 H.1、VH-1Y、H-3、V46、H-47、H-53、H-60、V-22 等飞机上。

2. V-22 装甲抗坠毁座椅

V-22 装甲抗坠毁座椅由美国西马拉公司研制。V-22 倾转旋翼机的抗坠毁座椅包括四个主要分组件:座椅支撑结构、装甲椅盆、坐垫组件及束带导流。前三个分组件由西马拉公司负责研制,而背带系统由太平洋科学公司提供。该座椅质量为 $36.2\ kg$,比同类结构的座椅轻 239%。该座椅采用 SpectraR 碳化硼装甲系统。这种聚乙烯/陶瓷系统能抗 30 mm 穿甲弹。SpectraR 层板具有阻燃性。座椅结构和吸能特性符合 MIIL-S-58095A 和 MIIL-S-81771 的要求。支撑结构能承受 $30g$ 的向前载荷,并能在摔机着陆时垂直方向 $14.5g$ 条件下保证人体安全。吸能系统可调,适用于第 3~第 98 百分位飞行员。整个座椅装在甲板上,省去了地板支撑装置,从而减轻了重量。

4.1.3　国外直升机弹射救生装备——俄罗斯篇

1. AK-2000 直升机抗坠毁座椅

AK-2000 直升机抗坠毁座椅(见图 4-7)是"星星"科研生产股份公司研制的,具有以下性能:AK-2000 直升机抗坠毁座椅是根据 FAR/JAR-29 设计要求研制的。座椅采用复合材料制成,通过两个轻质铝合金转动摇臂固定在座舱中。吸能器由环状活塞和铝合金变形心轴构成,固定在两个摇臂之间。正常飞行时,吸能器阻止摇臂转动。应急迫降时,在过载作用下摇臂转动,吸能器产生的位移阻力可保证飞行员能承受座椅上的载荷。该座椅可根据飞行员身高进行上下、前后方向手动调节。坐垫舒适,靠背柔软,装有四点背带系统和双肩带惯性机构。座椅总质量为 12 kg。

图 4-7　AK-2000 直升机抗坠毁座椅

2. K-37 直升机牵引式弹射座椅

K-37 直升机牵引式弹射座椅(见图 4-8)由"星星"科研生产联合股份公司和卡莫夫直升机科学技术联合体共同研制,具有以下特点:它是一套既运用了火箭牵引技术,又具有弹射座椅性能的独具特色的直升机救生系统。座椅上装有炸掉旋翼的联动控制机构,救生伞放置在椅背上,座高可上、下调节。应急时,驾驶员座椅靠背由后倾转至直立位置,拉动座椅下方的手柄,引爆旋翼杆爆炸螺栓,炸飞旋翼。在驾驶员四肢被拉近紧靠座椅的同时,舱盖飞离。装在头靠后的牵引火箭点火,由一根 3 m 长的与火箭相连的牵引绳将座椅靠背连同驾驶员一起牵拉出机外。当牵引火箭上升到 80 m 高时,时间控制机构启动分离燃爆系统,切断肩带、腰带。该座椅现装备在卡-50、卡-52 直升机上。

图 4-8　K-37 直升机牵引式弹射座椅

3. 帕米尔-K 直升机抗坠毁座椅

帕米尔-K 直升机抗坠毁座椅由"星星"科研生产股份公司、米里直升机设计局研制。帕米尔-K 抗坠毁座椅装有可调式吸能器(300 mm 行程可调),保证飞行员在紧急着陆时,降低由加速度造成的冲击力,能使体重为 60～100 kg 的飞行员在摔机时承受的过载降到(15＋3)g。座椅上装有四点固定式背带系统,肩部装有惯性肩带锁,约束系统在摔机过载 20g(胸背方向)及 9g(侧向)的条件下可保证飞行员的安全。座高由升降电机进行上、下调节,行程为 170 mm。座椅乘坐舒适,座椅质量为 28 kg。此种座椅装备在米-28 直升机上。

4.2　国外载人航天器弹射救生装备

载人航天技术虽然集中了当今最高的科技成果,但是它的安全性仍没达到零故障的程度,航天事故频频发生。自 1961 年 4 月 12 日第一个载人航天器升空以来,已有数百人在航天事故中死亡,仅宇航员就达 20 余人。

人们不禁要问,航天事故这么多,航天器上有应急救生系统吗? 回答是肯定的。但不论采取何种措施,都不能保证这种高风险的行动不发生意外,只能降低发生伤亡事故的概率。

航天专家为航天员的安全采取了很多措施,在航天过程中的各个阶段都有救生手段。

航天器在发射架和上升阶段时,有应急脱离航天器的高速升降机、下滑钢索,还有个人弹射座椅。点火上升时,航天员可采用弹射座椅和分离逃逸飞行器与箭体分离,以脱离危险。美国“双子星座”号飞船和苏联“东方”号航天飞船均选用弹射座椅作为逃逸装置。

在轨道运行段,一般采用提前返回方式救生。

航天器在下降着陆过程中遇险时,要靠弹射座椅和减速装置救生。如果着陆后落入非预定地域,则可利用个人救生物品,如通信设备、口粮、水和自救互救来等待救援,这时配备给航天员的野营与救生装备最起作用。

4.2.1　美国载人航天器弹射救生装备

1. “哥伦比亚”号航天飞机 SR-71 弹射座椅

美国“哥伦比亚”号航天飞机在最初 4 次试飞中,选用了原洛克希德公司的 F12/SR-71 飞机上的弹射座椅作为应急救生设备。为了把 SR-71 弹射座椅用于“哥伦比亚”号航天飞机,研究人员对座椅进行了改进。

改进内容包括:

① 椅背两点定位,在发射时可使航天员的靠背角前倾 2°,以改善操纵可达范围和视野,发射后自动复位。

② 改变座高调节,使之与航天飞机座舱结构和人体要求相协调。

③ 改进了坐垫的结构和材料,以改善其舒适性,确保弹射安全。

④ 更换了材料,增加了防护罩,以满足航天飞机的防火要求。

⑤ 增加了降落伞固定带和救生包前沿固定夹,以减少发射阶段航天员向上运动。

⑥ 改进了稳定伞和人/椅分离定时机构,以改善座椅的稳定性和人/椅分离轨迹。

⑦ 在惯性卷筒中注入了液压油,以增加惯性卷筒的流体阻力,减小再定位时的加速度。

⑧ 将控制膜盒的启动高度从 4 500 m 改为 3 000 m,以改善升空阶段的救生性能。SR-71 型座椅性能包线为:高度 0～30 500 m;Ma＝0～3.0。火箭弹射器的总冲量为 8 898.4 N·s,出口速度为 15 m/s,常温过载为 15g,过载变化率为 1 709 g/s。

据报道,该座椅曾在高度为 23 774 m、Ma>3.0 时,拯救过飞行员。完成 4 次试飞后,正式飞行时因需要更多的机组人员而取消了弹射座椅,取消后,航天飞机在发射台上和低空主动移动阶段便没有救生措施了。

2. "双子星座"飞船弹射座椅

美国"双子星座"飞船在 2 333 m 以上高空飞行时,把载人舱作为应急逃生系统;在发射和飞行高度不到 2 333 m 的上升主动阶段,采用宇航员穿压力服乘坐敞开式弹射座椅作为应急救生手段,它可将航天员送到离飞船 150~200 m 以外的安全区。该座椅的性能包线为 $V=0$, $Ma=1.86$, $H=0\sim17\,325$ m。

火箭弹射器的推力为 36.946 kN,工作时间为 0.26 s。弹射过载为 $24g$,过载变化率为 $400\,g/s$。最大出口速度为 20.7 m/s,可以把 170 kg 的人/椅系统向上弹射 140 m,向一侧弹离 300 m。

"双子星座"的弹射座椅通常由宇航员手动操纵,在启动逃逸系统时可以结合宇航员的判断,这是在载人航天器的应急逃生技术方面取得的一项重大改进。

图 4-9 所示为"双子星座"6 号和 7 号同时在轨飞行——进行第一次空间接轨。

图 4-9　"双子星座"6 号和 7 号同时在轨飞行——进行第一次空间接轨

3. "使神"号航天飞机座椅

欧洲空间局为"使神"号航天飞机选择了敞开式弹射座椅作为应急救生装置,因为这种装置具有结构简单、重量轻的优点,研制成本低,具有丰富的使用经验。而在易发生事故的发射台操作、起飞和着陆飞行阶段进行应急救生较为实用。该弹射座椅重 180~200 kg,安装于"使神"号航天飞机机组舱顶部开口处,以便座椅从此口被弹射器弹射出去。座椅用降落伞制动,弹射前一刹那,宇航员的上肢和双腿的上部被约束在座椅上,避免由动压拽出。宇航员乘坐这种座椅要穿特制密封航天服以免受冲击波、热流和稀薄大气的影响。该座椅的救生范围: $H<24$ km、$Ma<3$(在上升飞行段);$H<30$ km、$Ma<3$(在进场着陆段)。它只在"使神"号航天飞机起飞后 84 s 内和进场着陆飞行段有效。

4. "使神"号小型航天飞机座椅

"使神"号小型航天飞机装备的座椅为密封式弹射座椅,又称为大力士弹射座椅,其动力装置为固体火箭发动机。该系统有下列优点:结构简单、使用方便。密封舱有 3 个可控尾翼,能同时快速启动,在 3 s 内即可弹离航天飞机,结构质量轻。每个座椅质量为 300~400 kg,整个弹射座椅密封舱质量不足 1 000 kg;研制费用预计为 50 MAU(百万,欧洲货币单位);座椅应急救生范围广。该公司建议把该种密封式弹射座椅方案作为"使神"号小型航天飞机的应急救生手段。该公司还打算把此种弹射座椅用于美国的航天飞机。

5. XB-70航天飞机密封式弹射座椅

密闭式弹射座椅是一个单人救生工具,平时是一个敞开式弹射座椅,供航天员乘坐和工作之用。应急时,它可以迅速形成一个密闭式单人救生舱。它具有独立的压力调节和供氧系统,航天员无需穿压力服。这种密闭式弹射座椅由上、下两块蛤壳形壳体密闭而成。正常飞行时,蛤形壳体打开,为敞开式弹射座椅。当载人航天器出现故障时,系统由燃气点火后,人/椅被拉入舱内,蛤形门由上向下关闭。随后使用操纵杆机构使固定在弹射座椅上方的机身壁板自动抛掉,密封式弹射座椅便可弹射离开载人航天器。降到一定高度时,救生伞自动打开,缓慢着陆并利用充气缓冲垫吸收着陆冲击能量。其使用飞行范围为 $Ma=3$、$H=0\sim2\,333\,m$。

单人用密封式弹射座椅重 $496\,kg$,双人用座椅为 $851.3\,kg$。由于其增加了热防护装置,比飞机用的重量增加了 1 倍多。这种救生方案的优点是,对主机结构影响较小且重量增加不多,在同样的条件下,仅为分离救生舱重量的 $1/2\sim1/3$。这种方案介于分离舱和敞开式弹射座椅之间,因其性能与分离舱和敞开式弹射座椅相比并无突出优点,故未被广泛采用。该弹射座椅由罗克韦尔国际公司之前身北美航空公司研制。

6. 航天飞机用热防护型密闭式弹射座椅

航天飞机超高速救生要求包括:要注意到由于爆炸引起的危险,如冲击波峰值和持续时间、热辐射、弹片和火球;还要考虑由设计的乘员救生系统来满足乘员的防护要求,以确保乘员不受伤害或受到最小的伤害。这种具有热防护功能的密闭式弹射座椅基本上是 B-58 飞机弹射座椅的改进型,救生时用活动门来保护乘员免受环境的危害,提供应急的生命保障环境。它包括热防护、固体燃料制动火箭发动机、反作用控制喷嘴、生命保障系统及其控制系统。

7. 航天飞行器高超声速救生舱

该救生舱设计功能是在启动弹射时从飞行器上脱开,并在满足所有救生及防护要求条件下将乘员送回地面。舱的前端为锥形/半球形热防护层,舱顶部由防高温材料制成。乘员舱为密封舱区域,具有正常的空调环境。胶凝推进剂系统采用可调推力喷管,推力可上下改变方向以控制航迹,还有姿态控制用反作用喷口。推进剂可节流,有助于减小推进系统的重量。应急生命保障系统保证乘员供氧、冷却及增压。回收系统有一具半球形高速减速伞,能在 $Ma=4$ 或 $95\,800\,Pa$ 动压条件下开伞,另有三具直径为 $13.9\,m$ 的环缝/密实锥形混合伞组成的伞系统,其用途是使最终速度减小至所需的 $9.14\,m/s$。救生舱还包括一些典型的先进分系统,如约束系统、数字控制器、漂浮系统等。

8. "挑战者"号航天飞机牵引火箭救生系统(REES)

"挑战者"号航天飞机发生事故后,为了弥补设计上的重大缺陷,解决起飞和着陆低空飞行阶段的应急救生问题,美宇航局投资 $5\,000$ 万美元研制航天飞机的牵引火箭救生系统(见图 4-10),并成功地进行了地面和空中试验。

该系统由牵引火箭、滑板、侧舱门抛放机构组成。应急时,配有救生伞的宇航员躺在类似于担架的滑板上,滑板与牵引火箭上约 $3.0\,m$ 长的牵引绳相连,侧舱门被抛掉后,牵引火箭以 $10g$ 的加速度将宇航员逐个从航天飞机中牵引出去(共需 $118\,s$)。牵引火箭可在航天飞机低空($460\,m$)和低速($550\,km/h$)飞行时连续把宇航员抛离航天飞机,具有重量轻、设计简单等优点,但存在应用范围小的缺点,后被滑杆式救生系统所取代。

9. "发现"号航天飞机滑杆式救生系统

美国"发现"号航天飞机(见图 4-11)采用了滑杆式救生系统(见图 4-12)。该系统由两

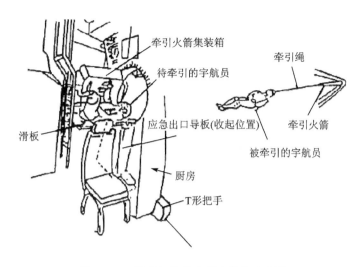

图 4-10　航天飞机的牵引火箭救生系统

级可伸缩的套筒组成,平时收缩在一起,由锁闭机构锁住。航天员用一根由弹簧、能量吸收器及挂钩组成的短带与滑杆相连。应急跳伞时,转动控制机构,内筒在弹簧的作用下,向外伸出约 3 m,并锁紧在伸出位置。航天员把挂钩挂在救生伞背带上,右手紧握短带,跪在舱门内,然后向前滚跳出舱,绳环上的滚针轴承可平稳地控制航天员沿着直径为 76 mm 的滑杆向下滑动。若作用在滑杆上的载荷超过 4 449 N,则吸能器便可限制最大载荷传递给滑杆。在轨道运行期间,从发射返回位置上取下滑杆,并储放在舱内天花板上。

图 4-11　"发现"号航天飞机

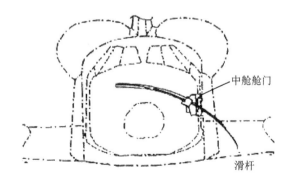

图 4-12　"发现"号航天飞机滑杆式应急救生系统

滑杆最大使用高度为 7 620 m,最大当量空速为 370 km/h,质量为 109 kg。与其配套使用的是一具直径为 7.9 m 的锥形救生伞和稳定减速伞。为减小开伞动载,救生伞采用了收口 2 s 的措施。滑杆式救生系统具有结构简单、易操作和维修、重量轻,以及安全可靠、对航天飞机的结构变动不大等优点,但性能包线较小。1988 年 9 月 29 日发射的"发现"号航天飞机采用了这种滑杆式救生系统。

10. 救生塔应急救生系统

救生塔应急救生系统主要由逃逸火箭和救生塔组成,救生塔高 3 m,是一个钢制构架,用爆炸螺栓固定在飞船的前端,救生塔系统的质量为 580 kg。逃逸火箭的推力为 225 kN,工作时间为 1 s。它具有 3 个向外倾斜 19°的喷管,在 3 个喷管的旁边装有 3 个推力各为 1 568 N 的分离火箭。在 6 500 m 的高度时,分离火箭将救生塔抛掉。逃逸火箭的最大过载为 30g。飞船在发射台或主动移动低空阶段出现应急情况时,该救生系统可将飞船送至 760 m 高度的安全地带,然后降落伞系统工作。飞船乘伞着陆,救生塔较弹射座椅应急救生能力强,它可用于低空、中空和高空,可靠性高,但经济性差。其装备在"水星"号飞船、"阿波罗"号飞船和"联盟"号飞船上。

4.2.2 俄罗斯载人航天器弹射救生装备

1. "暴风雪"号航天飞机弹射座椅

为了确保载人飞行器的飞行安全,苏联把米格－29 飞机上的 K－36 弹射座椅加以改进,安装在"暴风雪"号航天飞机(见图 4－13)上。改进后的座椅头靠两边放置安全带和两个稳定伞箱。控制手柄前面是气动偏向器,由计算机控制约束系统及座椅的弹射操作。弹射动力是两台推力为 6 174～50 400 N 的火箭发动机,弹射速度为 800 km/h。这种弹射座椅在航天飞机发射和返回着陆时具有广泛的用途。在 $H=0$、$V=0$ 的情况下出现紧急事故时,弹射座椅可把宇航员弹离危险的航天飞机。这种低空、低速的工作能力使航天飞机在应急着陆和冲出跑道时也能为宇航员提供逃逸救生服务。在 $Ma \leqslant 3.0$,高度<25 000～30 000 m 的条件下也可安全弹射救生,如图 4－14、图 4－15 所示。(机组人员超过 2 人,将不能配备弹射座椅。)

图 4－13 "暴风雪"号航天飞机　　图 4－14 "暴风雪"号航天飞机弹射救生系统(1)

2. "东方"号飞船弹射座椅

"东方"号飞船(见图 4－16)是最早使用敞开式弹射座椅作为应急救生设备的载人航天飞行器。

该座椅装有火药弹射装置、救生伞系统、氧气瓶、无线电收发机以及在不利条件下着陆时

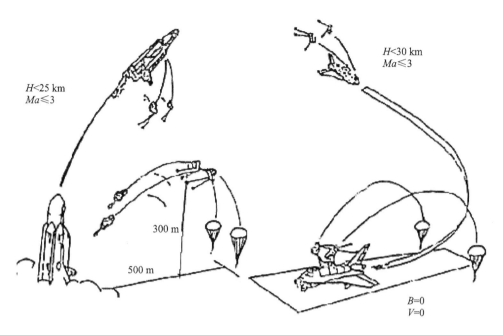

图 4 - 15 "暴风雪"号航天飞机弹射救生系统(2)

所需的备用物资和生活必需品的应急救生包。"东方"号飞船的弹射座椅(见图 4 - 17)既可作为发射阶段的应急救生设备,也可作为正常返回地面的乘坐设备。

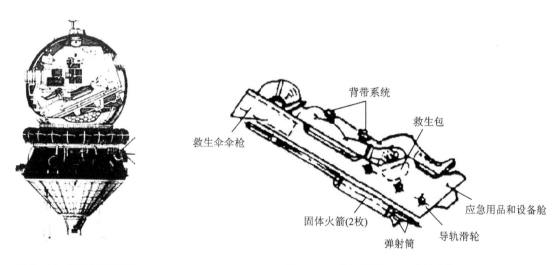

图 4 - 16 "东方"号飞船　　　　　　**图 4 - 17 "东方"号飞船弹射座椅**

第5章　国外飞行员先进个体防护装备

当前,军用飞机的性能不断提高,未来作战环境及任务日趋复杂,飞行过程受到人、机、环境及任务等因素的影响,使飞行员对个体防护装备的依赖性和性能要求日益提高。

为满足第四代高性能战斗机飞行员的防护需求,早在20世纪80年代初开始,美国、俄罗斯、英国、加拿大、瑞典等国均已开始有计划地开展飞行员先进个体防护装备系统的研究,并成功研制出多种先进的综合防护系统,如美国的HGU头盔系列、CSU服装系列,俄罗斯的ЗШ头盔、ВКК及ППК服装系列等。这些防护装备为飞行员提供了高空、高速、高过载保护,保证了其长航时的舒适性,从而有效提高了飞行员的作战效率,充分发挥了战斗机的战斗力。

5.1　飞行员先进个体防护装备概述

在飞行员个体防护装备研制及使用实践中,研究人员发现装备防护程度越高,对人体行动带来的消极影响也就越多,如抗荷、代偿性能的提高会带来热负荷的增大、呼吸方式的改变;头盔任务增强装置的使用,增加了颈椎及颈部肌肉的负荷,疲劳及损伤概率大大增加;激光防护能力的提高,可能带来视力及视野丧失的问题。此外,所有防护装备的使用均会影响人体的灵活性及舒适性,并带来额外的热负荷,而飞行员热负荷的增大反过来会降低其加速度耐力,减弱装备的过载防护能力。

对防护装备进行先进性研究的目的是通过减小上述装备的消极影响来优化系统性能,其理念是对飞行员个体防护装备进行系统考虑、并行设计、综合防护,在进一步提高装备防护能力的同时尽量减少个体防护装备层次,减轻重量,降低成本,提高舒适程度;同时采用多功能、模块化设计,实现防护装备的功能集成及能力升级。飞行员可根据作战任务选择相应的防护组件,以增强实用性和舒适性。此外,还可将部分个体防护装备与座舱设备等相兼容,并将防护功能向座舱转移,尽量减轻飞行员的负荷。

5.2　美国F-22、F-35飞行员个体防护装备

美国于20世纪80年代初制订了战术生命保障系统(Tactical Life Support System, TLSS)研制计划,1987年又提出飞行员一体化系统(Aircrew Integrated Systems, AIS)研究计划,主要思想是把单个救生装置综合化,进行一体化研制,并逐步装备部队。当前,在系列具有多种防护功能的一体化系统中,最有代表性的是其用于第四代战斗机的生命保障系统。

5.2.1　F-22飞行员个体防护装备

F-22飞机的最大马赫数(2)和极限过载($9G_z$)不算太高,但由于应用了超声速巡航和矢量喷管等技术,过载的持续时间和变化率均有所提高。据估计F-22飞机的最大过载持续时间可达300 s以上,变化率可达到6 g/s或更高。为适应F-22机动性方面的新特点,其个体

防护装备也进行了相应改进。

LSS(Life Support System)是波音公司为第四代战斗机 F-22 研制的生命保障系统(见图 5-1)。该系统通过一体化途径,使之与环境控制系统、弹射座椅和座舱以及 F-22 整个武器系统相兼容并得以优化,具有高空(18 km)、高过载(+9G_z)、生化、热负荷、浸冷水、高速(1 112 km/h)弹射、激光及噪声等综合防护能力,并且较好地兼顾了飞行员的视野、舒适性、活动性等。通过一体化设计,减轻了装备重量,降低了造价,对飞机产生的影响也降到了最低。

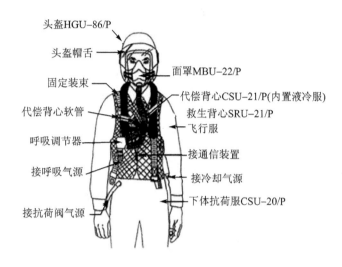

图 5-1　F-22 战斗机生命保障系统

LSS 的抗荷系统将前期研究成果的"战斗优势"(COMBAT EDGE)抗荷系统和先进技术抗荷服(ATAGS)加以结合,并实现与高空代偿防护一体化,从而将防护性能发挥至最大限度并减少了装备层次。

在高空、高速、高过载防护基础上,LSS 还通过装备的密切集成,增加了防化、抗浸等附加功能。如头盔/面罩系统就特别强调了防生化的要求。LSS 的抗荷服采用了先进的 Nomex 材料以增加其调温和抗浸能力;另外,还配备了具有阻燃性能的防生化/抗浸防寒一体服;供氧面罩采用了防窒息/溺亡活门结构。

当去掉系统中的部分可选装备后,飞行员的操作灵活性也得到了一定的提升。此外,为确保飞行员的舒适性和工作效率,除飞机采用优良的环控制冷技术外,还使用通风背心为飞行员躯干上部提供最大流速为 430 L/min 的冷却空气,并单独为头部提供流速为 70 L/min 的冷却空气。

图 5-2 所示为美国 CSU-21/P 代偿背心。

1. 头　盔

头盔由石墨/芳纶壳体构成,它减小了头部的负荷重量,扩大了周边视野范围,提高了头部机动性,是美国空军 F-22 战斗机飞行员的标准装备。在过载高达+9G_z 的高性能机动飞行状态下,能够防止飞行员意识丧失(GLOC)。

其次,该头盔能够降低飞行员在配戴过程中的疲劳度,使其每天执行更多的高过载任务,提高其决策能力。该头盔还采用了聚氨酯橡胶涂层尼龙气囊系统,与 MBU-20/P 氧气面罩连接,在高过载的情况下,面罩能够自动拉紧。HGU-55/P 头盔(见图 5-3)还采用了新型的噪声衰减技术(ANR),防止飞行员受到噪声的伤害。

图 5 - 2　美国 CSU - 21/P 代偿背心　　　　　图 5 - 3　HGU - 55/P 头盔

2. 抗荷服

ATAGS 抗荷服(Advanced Technology Anti-G Suit)是美国空军 Armstrong 实验室对全覆盖式抗荷服的适体性和下肢活动性能等方面通过大量改进发展而来的。其主要特点是：

- 下肢体表覆盖面积明显大于五囊式抗荷服,有些抗荷服的覆盖面积接近 100%;
- 通常抗荷服充气压力低于五囊式抗荷服,以保持飞行员的舒适性;
- 人体下肢各部位体表压力保持均匀一致;
- 膝关节和髋关节处采用特殊结构保持关节的灵活性;
- 足部加压与否可由飞行员自行选择。

与此同时,美国海军独立研制了另一种 EAGLE 抗荷服(Enhanced Anti-G Lower Ensemble),如图 5 - 4 所示。这两种抗荷服的抗荷效果相近,若同时施加正加压呼吸,人体过载耐力可达到 $8g$ 左右。

3. 全套飞行装备着装展示

图 5 - 5 展示了飞行员穿着标准的 CWU - 27/P 飞行服以及 FWU - 8/P 飞行靴(其穿戴的 GS/FRP - 2 手套置于其飞行服口袋中)。该飞行服、手套以及可供选择的 CWU - 36/P 飞行夹克均采用防火细物制成,可以防静电,防化学腐蚀。

CSU - 23/P 高科技抗 G 服,也被称为"阿塔哥斯"(Advanced Technology Anti - G Suit,ATAGS)先进抗荷服(见图 5 - 6),类似于战斗抗荷服的背心。"阿塔哥斯"(当前仅装备 F - 22 飞行员)能为长时间的高 G 环境提供额外的保护。作为一件性能独特

图 5 - 4　CSU - 20/P
(EAGLE) 抗荷服

的战斗服,"阿塔哥斯"将机组人员的抗 G 能力提高了 60%。与战斗抗荷服配套使用,它能够促使机组人员抗 G 能力超出现有的抗荷服的 3.5 倍。

SRU - 21/P 救生背心见图 5 - 7,这件背心上的口袋和拉链的数量取决于部队的喜好和实际情况,但通常情况下至少能装入一件武器,比如一支贝雷塔 M9.9 mm 手枪、救生无线电发射器或者烟火棒。附加的救生包包含一个急救包、鱼钩、鱼线以及镜子,还有其他各种救生物品。

图 5 - 5　穿全套防护装备展示

图 5 - 6　ATAGS 先进抗荷服　　　　图 5 - 7　SRU - 21/P 救生背心

5.2.2　F - 35 飞行员个体防护装备

F - 35 的头盔式显示系统（HMDS）（见图 5 - 8）由视觉系统（VSI）国际公司、罗克韦尔·柯林斯及埃尔比特等多家公司联合制造。该盔显系统由碳纤维制作,通过全综合结构设计,保证防护系统、生命保障系统及电光系统的兼容性,还采用了防护核生化环境用的防毒面罩;通过采用轻型壳体、衬套和连接系统,不仅保证了其重心处于最佳位置,还尽可能使飞行员感觉舒适,同时适应范围也非常大,并首次正式实现男女通用。

1. 头盔的技术特点

（1）强大的综合信息显示能力

F - 35 的头盔显示系统采用了更先进的光电系统、更精确的头部跟踪技术和更强大的计算处理能力,可将关键的飞行状态数据、瞄准标记、武器数据、目标状况等信息综合显示在内置显示屏上。这意味着飞行员在驾机时无需像以往那样低头查看座舱显示屏和仪表盘,只需戴上头盔,所有作战信息即可"尽收眼底"。在"发现即摧毁"的秒杀时代,头部的解放无疑有助于

图 5 - 8　F - 35 飞行头盔式显示系统

飞行员先敌发现、先敌反应、先敌开火。

（2）独一无二的夜视能力

以往的头盔显示系统无法同时显示夜视图像和信息符号，飞行员必须在这两种功能间进行切换。通过安装在头盔正面的夜视摄像机，新型头盔显示系统可把飞行信息和目标信息叠加显示在夜视图像上，从而大大拓展了飞行员的夜间视野范围，增强了飞行员夜间态势感知能力。

（3）无与伦比的态势感知能力

新型头盔显示系统采用了先进的虚拟现实技术，可通过分布在机身四周的 6 个高清视频和红外摄像机，全方位观察机身周围的情况，大大拓展了飞行员的观察视野。在头部跟踪系统的支持下，只要飞行员头部转向任一方，头盔显示器即可显示该方向态势情况。这种全方位态势感知能力，不仅有助于飞行员完成夜间垂直降落或航母着舰动作，还可确保飞行员在空中格斗中占得先机，提高对地打击精度。

（4）高效的人机结合

新型头盔显示系统采用先进的传感技术，可追踪飞行员眼部动作。当飞行员注视远处飞机时，系统就会显示该机位置、身份认证等信息，并自动实现跟踪。一旦确认该机是敌机，飞行员甚至不必使用固定瞄准系统锁定敌机，使个"眼色"便可操控战机向敌机开火。此外，该头盔显示系统还会显示飞行员错过的目标，当飞行员没有注意到来袭威胁时，系统会发出警报，提醒飞行员注意。

（5）头盔显示器的独特优势

• 头戴式显示器，采用了增强现实技术（AR），提供前所未有的情境意识；

• 具有夜视传感器，其夜视功能与头盔集为一体；

• 分布式孔径系统（DAS），让飞行员能够"查看"机身，提供周围 360°范围的恒定图像；

• 多种瞳孔间距设置，能够自动校准，确保追踪系统高精度；

• 具有双眼单筒镜，提供 30°×40°的 100%重叠的宽视野；

• 具有主动式噪声衰减装置（ANR）；

• 弹射速度达 1 110 km/h；

• 头盔重量轻，其衬垫根据飞行员量体定制，确保飞行员重心稳定，使其舒适度达到最佳，疲劳度降低。

尽管该头盔已被美军视为当前世界上最先进的"魔幻头盔"，但经过多次测试后，被证实仍存在一些漏洞。

（6）头盔重量可能会在紧急弹射时损害部分飞行员的颈椎

早在 2016 年，美国空军就曾宣布，在测试中发现 F-35 的头盔增加的重量对飞行员在弹射逃生过程中的安全产生了严重的威胁，尤其是体重大于 165 lb 的飞行员。对此，罗克韦尔公司减少了原配置的遮阳板以改善此问题。

（7）夜间"漏光"，影响飞行员着舰

F-35 头盔在夜间会发出绿光，是美国海军目前正在修复的一个漏洞，该漏洞会妨碍缺乏经验的飞行员在夜间驾驶战斗机降落于航空母舰上。头盔产生绿光，会使飞行员无法看到航空母舰上的指示灯。解决方案是更换现有的头盔显示器，用有机发光二极管（OLED）来代替。

（8）分布式孔径系统信号传输延迟，影响飞行员操作性能

该系统由雷神公司开发提供，通过安装在飞机周围的 6 个红外摄像头将高分辨率实时图像收集并发送至飞行员的头盔上，不论昼夜均能使飞行员"看到"周围的环境。但该系统却被证实存在信号传输延迟的问题，影响飞行员对空间态势的感知能力。对此，美国军方拟采用软件升级的方式解决该漏洞。

2. 防护服

F-35 的防护服（见图 5-9）由英国波弗特（RFD BEAUFORT）公司（现为 Survitec. Group 公司）设计，综合了飞行夹克、漂浮环、救生用具、胸部代偿囊和上肢约束方案，性能较好；为保证飞行员安全弹射，对飞行服袖子部位进行了精心裁剪，并设计了两种不同的抗荷服。

该飞行服系统还包括了能够吸湿排汗并内置冷却泵（液冷系统）的服装层，以及防水袜等。F-35 飞机的一体化电子式氧气-抗荷调节器系统中还包含了无线通信、防化及防细菌部件，以满足呼吸防护及抗荷需要。图 5-10 所示为 F-35 防护服穿戴。

图 5-9　F-35 防护服

3. 防生化服

2017 年 2 月，美国空军展示了为 F-35 研制的新型防生化服，该装备包括联勤面罩、防生化空气过滤器、通信装置、防生化袜及用双面胶贴在手腕上的手套，穿在连袖飞行服及抗荷服的外部。该装备还配备有一过滤式吹风管，以保护飞行员在走向飞机处的途中免受生化污染物的侵害。

图 5-11 是美国第 461 飞行测试中队的飞行员正在试穿新型的防生化服，测试飞行员穿着该装备所承受的热应力，以及会对其操作性带来哪些影响。飞行员首先穿着该装备进入一架"干净"的飞机，通过模拟试剂将其污染。空气会经过机载制氧系统，然后经过飞行员佩戴的生化过滤器，去除残留污染物。过滤送风机为飞行员的护目镜提供冷却的除雾空气，为飞行员提供无污染的空气。

(a) 飞行夹克(有袖/无袖)

(b) 抗浸防寒服

(c) 防生化呼吸氧气软管组件

(d) 抗浸防寒服/液冷服内衬

(e) 生化防护服

(f) 全覆盖抗荷服

图 5-10　F-35 防护服穿戴

图 5-11　美国第 461 飞行测试中队的飞行员试穿新型防生化服

5.3　俄罗斯飞行员个体防护装备

20 世纪 70 年代,俄罗斯已经开始了飞行员综合防护系统的研究,如 BMCK-4-15 高空海上联合救生系统,早在 20 世纪 80 年代就已用于 SU-27 飞机上。与其配套的防护系统具有高空(20 km)、高速(1 300~1 400 km/h)、高过载($+9G_z$)、生化武器、浸冷水等防护能力。但针对其重量重等缺陷,俄罗斯又加以改进,以适应下一代战斗机。

俄罗斯第五代战斗机项目是引领俄罗斯航空工业发展的"火车头"。在 T-50 项目的带动下,俄罗斯展开了新型雷达、光电瞄准系统、导航设备、无线通信以及电子对抗综合系统、各种机载武器及其他设备的研制。与此同时,俄罗斯"星星"科研生产股份公司也研制了新型飞行员防护装备,包括 ЗШ－10 型飞行员头盔、ППК－7 抗荷服、BKK－17 高空代偿服以及新型自动供氧系统。相比前一代战斗机,新型防护装备为 T－50 飞行员提供了更为安全且舒适的工作条件。

5.3.1　苏－27 飞行员个体防护装备

苏－27 飞机飞行员综合防护系统采用了 BMCK－4－15 高空海上联合救生系统,包含了 MK－4－15 海上救生服、ТЗК－2－15 保暖服及配套 ТЗЧ－2－15 保暖袜、BKK－15K 高空代偿服及配套代偿袜、АСП－74 航空救生器、ЗШ－7A 保护头盔、KM－35 供氧面罩,以及手套、皮靴、内衣等。BKK－15K 高空代偿服是囊式代偿、抗荷、通风一体化飞行服,由高强度细物制成的背心代偿服和飞行夹克组成。

MK－4－15 海上救生服为飞行外衣,包括 ЗК－4－15 防护服(密闭外衣),两部分通过调节绳组件相连。防护服用卡普隆细物制成,颈部装有风帽,可将飞行员头部托出水面。防水服用涂胶布制成。

1. 头　盔

苏－27 飞行头盔(见图 5－12)外形宽大,顶部有 5 个 20 mm 的孔,头盔内部有多种特殊设备,能适应各种飞行需要。头盔目标标识仪可与雷达、红外搜索/跟踪装置、激光测距仪协同起来,组成先进的火控系统。该头盔主要由防护外壳组件、软沉淀组件、调节组件、滤光镜组件、耳罩组件、通信系统组成。图 5－13 所示为镜片中显示的简易准星。

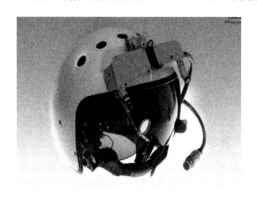

图 5－12　苏－27 飞行头盔

图 5－13　镜片中显示的简易准星

2. 防护服

BKK－15K 型高空一体化防护服是集抗荷、代偿、通风于一体的高空防护装备,旨在简化装备并提高防护效果。

为满足对抗高过载的需要,BKK－15K 下部的 5 个抗荷囊都比一般抗荷服的大。另外,前胸增加了 2 个代偿囊,囊的数量达到 7 个。由于代偿服、抗荷服的气囊面积大会增加飞行员的热负荷,因此,在 BKK－15K 的 7 个囊的下方或侧面又设置了囊式通风管。下肢的通风管在侧面,类似侧管,而前胸的通风管位于代偿囊的正下方,长、宽度与代偿囊一致,保证了囊下的通风散热,满足了飞行员对舒适度的要求。

5.3.2 T-50飞行员个体防护装备

在2015年的莫斯科航展上,俄罗斯无线电电子技术公司、战术导弹武器集团等首次展示了为T-50做配套的新型机载系统和武器,俄罗斯"星星"科研生产股份公司还展出了K-36Д-5弹射座椅和新型飞行员防护装备,包括ЗШ-10飞行头盔、ППК-7抗荷服、ВКК-17高空代偿服以及新型自动供氧系统。新型防护装备在上一代防护装备的基础上进行了有效改进,其中头盔较前一代重量减轻,更加牢固,不易晃动;新型抗荷服又增加了手膊加压装置,增强了整套个体装备的防护性能,力图为飞行员提供更好的大包线防护,确保其长航时的舒适性,提高其作战操纵能力,充分发挥战斗机的战斗力。

1. 新一代ЗШ-10型飞行头盔

目前,俄罗斯军机上应用最广泛的是玻璃钢材质的ЗШ-7型头盔。为了降低飞行员颈部的负荷,"星星"公司在2011年为T-50设计了新一代ЗШ-10型飞行员头盔。据称其强度高、可靠性好,使用寿命可达15年,性价比较高。与传统飞行头盔相比,ЗШ-10与头部更为贴合,更易于调整;头盔更适于整合各种附件,例如目标指示与显示系统、夜视系统、氧气面具、各类面罩等;头盔能够与战斗机座舱的各类飞行仪器仪表实现同步,各类数据信息可以直接显示于眼前。

ЗШ-10型头盔应用了新型有机塑料,其中头盔主体材料为芳纶(凯芙拉),滤光镜采用具有防弹性能的聚碳酸酯,不仅降低了头盔的重量,还能够经受住弹射时所产生的速压并保护飞行员头部。与ЗШ-7相比,ЗШ-10头盔由原来的1.75 kg降至1.35 kg,而且不会在头上晃动。不仅如此,其人机功效远远超过上一代,戴在头部更加舒适。新一代头盔与新型KM-36M氧气面罩配套,可保障飞行员在高度低于23 km、表速小于1 300 km/h($Ma<2.5$)的条件下安全弹射。

目前新型头盔已经完成国家级试验。ЗШ-10型头盔将有两种基本尺寸,预计未来将配备给T-50战斗机、其他军机甚至直升机的飞行员。

俄罗斯英雄试飞员谢尔盖·波格丹曾经在2015年的莫斯科航展(MAKC-2015)上佩戴新型头盔驾驶T-50进行了飞行表演。他表示该头盔具备以下三个优势:第一,头盔重量大大减轻,佩戴起来非常舒适;第二,头盔重心稳定性好,当飞机过载较大时,新头盔不会向前滑动(此前的ЗШ-7型头盔会向前牵扯头部,令飞行员非常难受)。新一代头盔上的任何元件都不会限制飞行员的视线,其视野范围较之前有所扩大,视场非常开阔。

图5-14所示为新式ЗШ-10型飞行头盔。

2. 防护服

俄罗斯第四代战斗机的连体抗荷服可通过充气来挤压飞行员的双腿和腹部,从而控制血流,使人体在短时间内承受5~7倍的重力加速度。但俄罗斯第五代

图5-14 新式ЗШ-10型飞行头盔

战斗机T-50具有更强的机动飞行能力,其产生的过载也更大。

为使驾驶俄罗斯第五代战斗机的飞行员更安全,俄罗斯研究人员研制出一种抗荷服,可向包括飞行员双膊在内的整个身躯充气加压,使人体在长达40 s的时间内能承受9倍的重力加速度。这种抗荷服的另一个特点是它的充气启动装置与战斗机内计算飞行数据的计算机相连。当该装置根据计算机传来的信息获知战斗机将发生过载后,会在过载出现前不晚于1 s

时开始充气加压,使飞行员为耐受过载提前做准备。

ППК - 7 抗荷服和 ВКК - 17 高空代偿服

现代高性能战斗机在机动飞行时,飞行员承受的过载经常会超过人类的承受能力。如果没有配备相应的装备,飞行员就会因流入脑部的血液不足而失去知觉,从而导致飞行事故。

战斗机的特点要求飞行员利用装备来抵抗各种不利影响。其中,ППК - 7 抗荷服(见图 5 - 15)主要用于减轻过载对飞行员的影响;ВКК - 17 高空代偿服则主要用于在座舱失去气密性或者在 11 km 以上高空弹射时保护飞行员,避免其肺部出现气压伤。

ППК - 7 抗荷服由防火纤维制成,内部有隔层和管路;增压区域覆盖身体的绝大部分,包含胳膊及下肢;根据飞行员体型,共有 10 种型号,全重不超过 3 kg。

这些新一代飞行员装备通过与机载计算机系统互联提高了工作效能。通过从机载计算机中得到的参数,系统可以预先计算过载出现的时间,从而在过载开始的前 1 s 启动防护系统,使氧气面罩内预先产生余压。

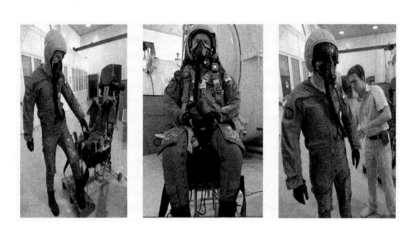

图 5 - 15　俄罗斯新一代 ППК - 7 型飞行员抗荷服

3. 供氧系统

T - 50 的飞行员防护装备还包括 KM - 36M 氧气面罩。与上一代 KM - 35M 相比,新一代面罩大约轻了 30%,重量约为 0.5 kg,可以保障飞行员在高空飞行中的正常呼吸和无线电通信;同时,还可以保护飞行员的脸部在弹射时免受气流的伤害。

最新的 БКДУ - 50 机载制氧装置是 T - 50 飞行员不可或缺的氧气源,由"星星"联合体耗时 5 年研制成功,现已装备在 4 架 T - 50 验证机上。制氧装置对高度在 4 000 m 以上的飞行任务十分重要,如果失灵,飞行员就会出现缺氧昏睡的现象,最后可能失去知觉导致坠机。该装置可把发动机排出的少量空气过滤为纯氧,再把氧气输送至飞行员面罩。只要飞行高度不超过 23 500 m,该装置即能一直为飞行员供氧。这样的话,任务飞行时长再也不会受到备用氧气量的限制,从而有利于飞行员接受多次空中加油,实现长时间飞行。据介绍,T - 50 战斗机的飞行员防护装备无论是与俄罗斯现役飞机上使用的类似产品相比,还是与西方国家的同类产品相比,均具有优势,具体表现在最大使用高度(23 km)、最大弹射速度(1 400 km/h)、长时间过载承受能力(可达 9g)和瞬间过载承受能力(可达 12g)等指标上。

5.4 欧洲"台风"战斗机飞行员个体防护装备

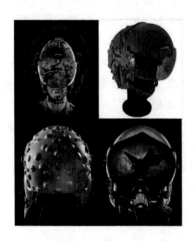

图 5-16 "台风"战斗机装备的最新头盔

欧洲"台风"战斗机为飞行员配备的是"打击者Ⅱ"头盔以及空勤人员装备组合服（AEA），它已成为飞机武器系统的一部分，不仅能够为飞行员提供高过载防护，还有助于提高飞行员的作战效率。

"打击者Ⅱ"头盔由英国 BAE 系统公司研制开发，其突出特点是具备彩色成像能力和三维音频告警能力。头盔的总体设计确保了带有头部防护功能的光电设备与终身维护的兼容性，其集成式的呼吸器还可用于核、生物和化学战争环境中保护飞行员免受污染物的侵害。

图 5-16 所示为"台风"战斗机装备的最新头盔。

5.4.1 头 盔

英国 BAE 系统公司研制的"打击者Ⅱ"头盔显示系统目前具备三大优势：

① 采用先进的头部跟踪技术和强大的计算芯片，能精确定位飞行员头部方位；头盔显示屏显示图像与飞行员目视方向几乎同步，从而有效消除现役头盔图像的延迟问题。

② 内置微型数字式夜视相机，夜间执行任务时无需加装夜视仪，具备全天候作战能力。

③ 灵活性强，可与数字和模拟信号系统兼容，适用于更多机型。

5.4.2 防护服

空勤人员装备组合服（AEA）包括正压呼吸系统、全覆盖抗荷裤及代偿背心等。该装备与美军生命保障系统中的抗荷装备类似，但抗荷服对下体是全覆盖式的，且增加了保护双脚的可充气式气囊，性能得到了进一步提高。AEA 的另一项重要功能是抗浸保暖，使飞行员身体即使在最寒冷、最潮湿的情况下也能保持温暖和干燥；另外，对核生化威胁还可提供全身防护。为保持飞行员的舒适及作战能力，由一套空调系统向飞行员上身输送液体，进行加温或冷却。AEA 的其他特点包括具有内部防火能力、配有一体化自动救生系统、可存储空勤人员生存救援工具等。

图 5-17 所示为身着全套装具的"台风"飞行员。

图 5-17 身着全套装具的"台风"飞行员

5.5　其他国家飞行员个体防护装备

5.5.1　加拿大

1. 抗荷、代偿、抗浸、防寒及透汗通风一体化

加拿大开发的战斗机飞行员一体化服装系统,集抗荷服、代偿背心、抗浸服与气冷背心等于一体,其主要特点是采用了具有选择通透性能的 GoreTexTM 膜作为加压囊的材料。这种膜不透空气和液态水,但可以选择性透过水蒸气。由于有冷空气流过气囊,人体出汗散发的热量和水蒸气会由皮肤进入空气流,从而使热负荷得以减轻。即便在高过载飞行的过程中,使气囊加压时造成冷却空气流中断,皮肤蒸发的汗液仍可继续透入气囊;当压力解除、冷空气恢复流通时,汗液会被重新带走。囊内衬垫结构保证了冷空气通道的畅通,在飞行员被冷水浸泡时还会起到隔热作用。抗浸服采用的是 NomexTM/GoreTexTM 材料,围绕两肩有拉链结构和进气管路,加压服穿在其内层。

2. STING 系统

加拿大空军(CF)研制 STING(Sustained Tolerance of Increased G)系统的主要目的是使 CF18 飞行员能够更容易和安全地耐受 $+7.5G_z$,减少做抗荷收紧动作的动力以及降低高过载的危险。但该系统还合并或兼容了其他一些飞行员生命支持装置,可提供多种防护功能。

STING 系统基本的加速度防护组分包括抗调器、面积扩大了的抗荷裤、代偿背心、氧气调节器、加压供氧面罩和带有补偿囊的加压头盔。一体化上衣(Integrated Upper Garment,IUG)集合了代偿背心、飞行夹克、生命保障系统和救生背心,外面是安全带,里面可以选择穿气冷背心,一体化上衣的前面有拉链,使其能够像一件衣服一样被迅速穿上。飞行服和抗浸服均穿着在系统装备内。

5.5.2　英　国

英国波弗特公司为欧洲战斗机飞行员设计了个体防护装备,包括飞行夹克衫、全覆盖抗荷裤、轻质飞行服、冬季飞行服、抗浸服、液冷服和保暖服等。该装备经过与门设计及最严格的测试,保证了在飞机驾驶舱内实现一体化并满足研发计划的严格要求。该服装系统具有模块化、可替换等特点,能够在 $-35\sim+35$ ℃的温度环境下发挥正常性能,具有抗持续高过载、防火、防寒和抗冷水浸泡等能力。采用的面料是一种具有多重防护特性的名叫 Etaproof 的织物,其优良的透气性和高品质保证了服装的防护特性和舒适性。

5.5.3　德　国

德国研究人员基于战斗机领域的应用需求,开展了全面防护并减轻热负荷的先进一体化系统的研究,其总体理念是考虑整体需求来制作系统、子系统以及所需各组件,而且是仅关注单一组分的改进。为满足最大防护需求而设计的全覆盖防护系统(该系统由德国 GKSS 研究中心设计)包含头盔、服装和通过气体通风方式为头部及身体提供微小气候环境的外围组件。根据一体化的理念,GKSS 防护服设计利用先进技术形成了三个特殊层次,满足了飞行员的需要并具有特定功能:外层防护各种威胁及恶劣环境,中层为内间隔层(气体隔离并形成"微气候带"),内层排汗、绝缘并防火。这种理念同样用于头盔。此外,服装内还包含气体分配系统,将冷却空气从脚踝(和/或手腕)和头部导入内间隔层,然后向身体中心分布,以带走人体汗液及

热量。

关于过载防护问题,该研究提供了两种途径:一是在服装外配备普通现役抗荷裤,可用于"狂风"等战斗轰炸机而不改变其界面;二是为适应高敏捷战斗机的需要,设计了一种特殊结构:应用通透的隔膜将身体周围的微气候带分为上、下两个不连续的区域,其中气流的压力不一样,然而这种结构需要改动飞机界面或用于新飞机的一体化装备研制。

5.5.4 瑞 典

1997 年 SAFE 年会上报告了瑞典战术飞行作战服(TFCS)获准投产。该项研制工作起始于 1985 年,主要由瑞典合同商制造,其防护系统装备为:内衣、飞行靴、抗浸服、飞行服、全覆盖抗荷服(FCAGS)、飞行背心、带氧气面罩的飞行头盔(由罗克韦尔公司生产)、生物/化学防护系统。

TFCS 系统是专门为 JAS39"鹰师"战斗机设计的,机上配有马丁·贝克 MAK10LS 弹射座椅及 EROS 公司的氧气调节器和抗荷调压器。它能在高过载增长率的条件下提供持续 9g 期间的过载防护,具有高空(包括爆炸减压)防护、着陆救生(包括寒冷气候和冷水)、高温(机舱或地面)防护、高速(1 100 km/h)弹射以及防护等综合防护性能。

图 5-18 所示为"鹰师"战斗机飞行员头盔,图 5-19 所示为"鹰师"战斗机飞行员头盔及抗荷服。

图 5-18 "鹰师"战斗机飞行员头盔　　　图 5-19 "鹰师"战斗机飞行员头盔及抗荷服

表 5-1 所列为国外部分战斗机配套个体防护装备的性能对比一览表。

表 5-1 国外部分战斗机配套个体防护装备的性能对比一览表

飞机 装备	美国 F-22	美国 F-35	俄罗斯 苏-27	俄罗斯 T-50	欧洲 "台风"	瑞典 JAS-39
保护头盔 (质量)	HGU-55/P	HMDS	3Ⅲ-7A (1.75 kg)	3Ⅲ-10 (1.35 kg)	打击者Ⅱ	各国配装 均不一样
供氧面罩 或功能	MBU-20/P	防生化	KM-35	KM-36M,防生化, 重约 0.5 kg, 比 KM-35 轻了 30%	防生化	防生化

飞机 装备	美国 F - 22	美国 F - 35	俄罗斯 苏 - 27	俄罗斯 T - 50	欧洲 "台风"	瑞典 JAS - 39
代偿服 （或背心）	CSU - 21P （内置液冷服）	—	BKK - 15K, 覆盖下体 40%	BKK - 17, 脐以下 90%	—	—
抗荷服及基 覆盖面积、 部位	CSU - 23/P （ATAGS）覆盖 40%~45%	脐以下 90%	—	NNK - 7	AEA, 胶以下 90%, 包括双脚的 可充气式气囊	TFCS, 腰至踝, 无压力袜
海上 救生服	SRU - 21/P	—	MK - 4 - 15	—	—	—
最大使用 高度/km	18	15.2	20	23	—	15
最大过载	$9G_z$	$9G_z$	$9G_z$	$9G_z$（瞬间过载 可达 $12G_z$）	—	$9G_z$
最大弹射 速度/(km·h^{-1})	1.112	1.110	1.300~ 1.400	1.400	—	1.110

5.6　结束语

随着战斗机性能的不断提高,对飞行员个体防护装备的要求也越来越高,头盔系统集成性、模块化趋势日趋增强,各模块之间互相兼容性增强,并可根据作战需要选择相关模块进行组合;防护服装综合防护能力已经明显提高,具有抗荷、代偿、抗浸、防高低温、防火、防核生化、防静电以及固定、漂浮等功能,为飞行员提供全方位防护;装备总重量明显减轻,美国、俄罗斯、英国、加拿大等国家通过采用先进的功能性材料及加工技术,将性能不同的各层组分织物进行了合理配置,减少了服装层次,改善了装备的舒适性,有效地提高了飞行员在对敌攻击及航空设备发生故障时的生存能力。

第6章　国外轻型飞机整机降落伞救生系统

近年来,我国低空领域逐步开放,通航也迎来蓬勃发展的新局面,从而给面向通用航空市场的通用飞机也带来了前所未有的发展机遇。轻型飞机作为通用航空市场中最具发展潜力的机型,不仅在数量上持续增长,而且用途也越来越广泛。

由于轻型飞机的作业多样化,影响空中飞行安全的因素多且复杂,而飞机一旦失事,其机载人员的死亡率近乎100%,因此空中飞行安全问题一直以来备受关注。保证飞行安全是发展轻型飞机的生命线。下面分别对国外轻型飞机整机降落伞回收系统的制造商及其代表性产品——美国 BRS 公司(BRS 系统)、捷克 Galaxy 公司(GRS 系统)、捷克 Stratos 07 公司(Magnum 弹道式降落伞)和乌克兰 MVEN Ukrainian 公司(MVEN PRS 系统)等作阐述,期望对我国防护救生产品的研发起到积极的借鉴作用。

6.1　美国 BRS 公司

美国弹道式回收系统公司(简称 BRS 航空航天公司或 BRS)是一家飞机弹道式降落伞系统制造商。

这家公司是由明尼苏达州圣保罗市的鲍里斯·波波夫于 1980 年成立的。1975 年,他驾驶的一架悬挂滑翔机从 400 ft(120 m)的高空坠落,机体部分损毁,而波波夫先生幸免于难。波波夫先生在经历了此次悬挂滑翔机事故后,认为能够让整个飞机安全着陆的降落伞是保障飞行安全的重要方式,于是致力于研发整机降落伞,并终于在 1982 年成功研制并量产和出售世界上首款整机降落伞。该降落伞系统可以在飞机失控、飞机结构失效或其他飞行中的紧急情况下将整个轻型飞机安全降到地面。

图 6-1 所示为 BRS 公司飞机弹道式降落伞系统。

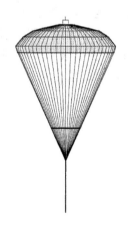

图 6-1　BRS 公司飞机弹道式降落伞系统

BRS 降落伞最开始应用于超轻型运动飞机,1983 年该公司生产的 BRS 降落伞首次在飞行事故中成功挽救了飞机和机组人员。1993 年 BRS 降落伞首次获得美国联邦航空局(FAA)的适航认证,获准安装在 23 架轻型飞机上。1998 年,BRS 公司与美国西锐飞机公司(Cirrus

Design Corporation)合作研发了世界上首具与整机同步开发的整机降落伞,Cirrus SR20 飞机成为世界首款将整机降落伞作为标准配置的机型,BRS 公司成为西锐飞机公司全系列机型整机降落伞的独家供应商。2001 年,Cirrus SR22 飞机也安装了该系统。这两个公司将所设计的系统命名为西锐整机降落伞系统(Cirrus Airframe Parachute System),成为了 7 000 多架 Cirrus SR 全系列飞机的标配。

2002 年,BRS 获得了在塞斯纳(Cessna)172 上安装降落伞系统的补充型号合格证(STC),随后塞斯纳 182 和"交响乐"(Symphony)SA‐160 也分别于 2004 年和 2006 年获得了该证书。BRS 公司成立 37 年来,旗下的整机降落伞各系列产品已经在塞斯纳 150、152、172、182 等多款机型上取得适航安装许可,各型号产品在全球销量已经超过 25 000 具,成功挽救了 300 多条生命,该公司的名称 BRS 也已成为整机降落伞的代名词。

弹道式回收系统(Ballistic Recovery Systems)

1. 基本结构

BRS 弹道式降落伞系统主要用于遇险飞机的空中回收,以保证飞机及其乘员的安全着陆。当飞机遇到紧急情况危及乘员生命时,用户可用手拉动 BRS 系统的激活手柄,从而启动装有固体推进剂的火箭发动机,火箭射出后会将一个圆形的、不可操纵的降落伞迅速拉出。若高度足够,降落伞系统就能以一定的着陆速度使飞机安全降至地面。BRS 公司在飞机弹道式降落伞的设计、试验、制造和维护方面有近 30 年的经验,其产品的功能和结构可靠性俱佳,这也是 BRS 公司得以长足发展的关键因素。

BRS 弹道式降落伞系统的基本结构如下。

(1) 降落伞(Parachute)

BRS 弹道式降落伞(见图 6‐2)呈圆形,主要用于减缓飞机的下降速度,以利于其安全着陆。降落伞所有的纺织部件(如伞衣和伞绳等)都由凯夫拉或尼龙制成,伞衣可产生气动阻力,伞衣中心有顶孔便于空气排出,从而减小飞机的振荡并保证其稳定下降。伞衣的精确几何形状、结构加强件的位置和材料的选择都可以根据具体用途进行调整,以保持开伞特性、强度、稳定性和下降速率之间的平衡。

(2) 收口滑布(Slider)

降落伞被完全拉出并暴露在迎风气流中后开始充气,产生的阻力会使飞机减速。降落伞设计时,其阻力或充气载荷的大小取决于飞机的重量、开伞时的空速和充气率。BRS 降落伞的充气率由专用的收口滑布控制。收口滑布是一个环形的布

图 6‐2　BRS 弹道式降落伞

幅,其周边有金属环孔。降落伞伞绳穿过环孔,这样滑布就可以沿着伞绳自由移动。包装降落伞时,收口滑布置于伞绳顶部。由于收口滑布的直径远远小于伞衣的张开直径,因此限制了降落伞的初始开伞直径及其充气速率。一旦作用在系统上的动压降到一个安全水平,滑布就会沿着伞绳向下移动,直至降落伞完全张满。

在研发过程中,针对不同的开伞条件,可以对滑布的几何形状进行调整以优化其性能。例如,增大收口滑布排气孔的尺寸会增大进入降落伞的气流,从而提高初始充气速率;减小滑布

面积则会降低收口滑布上的阻力,并使其在较高的动压下解除收口,从而提高最终充气速率。

图 6-3 所示为收口滑布。

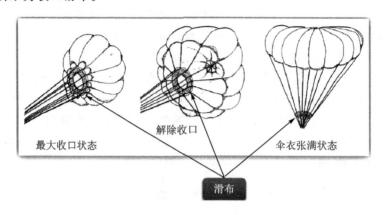

图 6-3 收口滑布

(3) 固体燃料火箭装置(Solid Fuel Rocket Assembly)

降落伞由固体燃料火箭装置(以下简称火箭)拉出,其伞衣可在数秒内充满。在超轻型飞机上,火箭通常安装在降落伞伞舱内。目前所有 BRS 的火箭使用的都是固体推进剂,它所储存的化学能用来提供必要的推力,从而快速地抛掉伞舱盖并将降落伞从伞舱中拉出。这些固体推进剂为复合推进剂,包含高氯酸铵(AP)和铝(Al)粉的非均相混合物、氧化剂及燃料,这也是新式固体推进剂中最常用的成分。合成橡胶粘合剂则用于将这些成分粘接在一起。另外还有一些其他典型的添加剂,其中包括燃速调节剂(加快或减缓燃速)、固化剂(以不同速率固化推进剂)、增塑剂(改善工艺性能)、粘结剂(改善化学性能)和抗氧化剂(减少化学变质)。推进剂固体颗粒的大小、形状和粒径分布也是影响其燃烧特性的关键因素。

图 6-4 所示为固体燃料火箭装置。

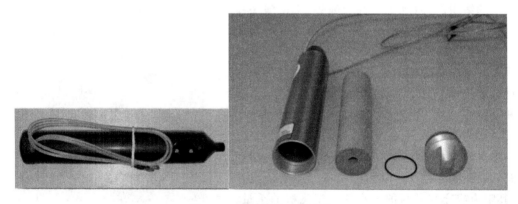

图 6-4 固体燃料火箭装置

BRS 公司有两款大型火箭——BRS601 和 BRS901,皆由点火器、火箭发动机底座和火箭发动机组成。火箭发动机由发动机壳体、后隔板、推进剂和喷嘴组成。发动机壳体/后隔板不仅是装推进剂的容器,同时也是推进剂燃烧时的压力室。将复合推进剂浇铸成药柱或固态的块状物,使其能与发动机壳体内部紧密贴合。为了保持尺寸公差的一致性,可将药剂浇铸在缠绕有细丝的内衬层内,而且该内衬层作为热绝缘体,可以阻滞热量传导到发动机壳体上。

图 6-5 所示为 BRS 大型火箭。

BRS 公司的小型火箭 BRS300、BRS301、BRS440 和 BRS460 不使用火箭发动机底座,而

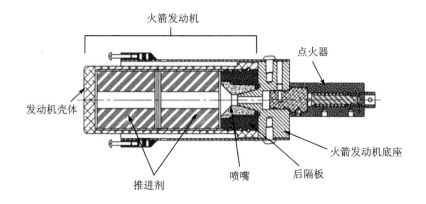

图 6-5　BRS 大型火箭

是将火箭发动机直接连接到点火器上。它们由发动机壳体、推进剂、喷嘴以及后隔板和前隔板组成。

图 6-6 所示为 BRS 小型火箭。

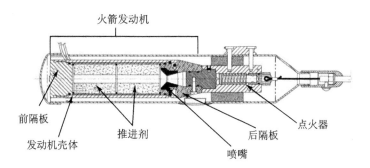

图 6-6　BRS 小型火箭

BRS 目前将其固体燃料火箭的使用寿命定为 12 年,届时旧火箭必须报废并更换。这样,火箭就无需返厂进行维护,从而消除了运输危险品的风险。

（4）**激活组件（Activation Assembly）**

BRS 激活组件需牢固安装在驾驶员/乘客触手可及的位置,驾驶员/乘客拉动红色激活手柄即可启动火箭发动机。该手柄通过一条不锈钢软索与火箭发动机的点火器相连,钢索外包裹着一层特氟龙衬里的外套。该手柄通常也是驾驶员在飞行中唯一能接触到的系统部件。

打开 BRS 降落伞之前,驾驶员需要分别执行以下两项必要的工作。首先,要求驾驶员在进行飞行前检查时将保险销从激活手柄支座上取下;其次,要求驾驶员将激活手柄从支座中拉出几英寸。系统中的钢索特意预留有松弛部分,预先拉出几英寸可将其收紧,以防止因系统弯曲或撞击手柄而引发误启动。继续拉动手柄(大约 0.5 in)将启动火箭。规定的拉力通常在 30～70 lb(13.6～31.7 kg)范围内,具体数值取决于钢索各种配置路径的摩擦力变化、温度以及钢索/外套的总长度。所以,手柄的安装位置很重要,合适的位置能使用户使用起来更方便、省力。

图 6-7 所示为 BRS 激活手柄。

（5）**主吊带和连接带（Bridles and Harnesses）**

主吊带是降落伞和飞机之间的主承力件,它与飞机有两种连接方式:一种是单点式连接,另一种是通过多根连接带与飞机相连。对于小型、重量轻的超轻型飞机,通常会以单点的方式将主吊带直接连接到飞机上,由单根主吊带支撑整个飞机;而框架式飞机或其结构无法在单个点上承受降落伞开伞载荷的其他飞机则需要多根连接带。以钢管结构的三角翼飞机为例,由于单个点可能无法承受降落伞的开伞载荷,因此连接点需要分散开来,从而将载荷散布到结构上的各个部位。

就大多数飞机而言,BRS 系统的主吊带、连接带及飞机单根连接带通常使用的是凯夫拉织带。一些较旧的装置可能使用的是不锈钢索。

图 6-8 所示为主吊带和连接带。

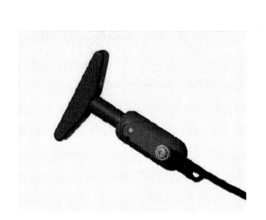

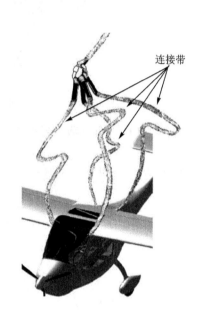

连接带

图 6-7　BRS 激活手柄　　　　　图 6-8　主吊带和连接带

2. 包装方式

确定好 BRS 系统的尺寸之后,用户就可以根据其需要选择适当的包装方式。BRS 系统主要有 4 种包装方式,每种方式都各有优缺点,具体取决于以下因素:尺寸和重量限制、所需的天气防护等级、可能的安装位置、维护要求和美观性等。

(1)筒装方式(伞衣套展开方式——顺拉法)

筒装系列的降落伞系统使用的是"伞衣套展开方式",该展开方式有利于降落伞开伞的控制。小型伞衣常用铝筒这种包装方式。筒装方式普遍用于开放式结构的超轻型飞机和动力三角翼滑翔机,因为这类飞机的伞系统会因恶劣的天气情况受到污染。圆筒状的容器与内部安装支架也能很好地配合(7 in 或 8 in(直径)×18~22 in(长度))。

优点:筒装的伞系统可以得到充分的保护,不受外界因素的影响,并且完全防水。考虑到伞的射出通道较小,此设计恰好适用于前剖面较小的狭窄区域。

缺点:筒装伞系统通常比同等的软包装伞系统重量要重几 lb。

包装周期:由于筒装伞系统不易受天气因素的影响,故其包装周期为 6 年。

图 6-9 所示为筒装系列的降落伞系统。

(2)VLS 方式(垂直射伞系统,伞衣套展开方式——顺拉法)

弹道式回收系统(Ballistic Recovery Systems)这种包装方式实际上是将一个轻重量的软包装伞系统密封在一个矩形玻璃纤维箱中,箱体上部有一个 ABS 塑料制成的易碎箱盖。此箱具有较强的耐候性,能经受各种气候的考验。其配套的伞是由一个伞衣套展开的降落伞。该

图 6 - 9　筒装系列的降落伞系统

降落伞被压力封包在一个密封袋中,袋子上有一个用于开包的释放销。VLS 整体剖面较低,适用于安装在机舱外部(即机翼上方直接暴露在气流中)。

优点:VLS 密封性好,其防护水平与筒装系统相比不分伯仲。

缺点:与其他包装方式不同,VLS 只能水平安装,因为它的伞系统是垂直射出的。

包装周期:由于玻璃纤维箱的密封性较好,故其伞系统的包装周期为 6 年。

图 6 - 10 所示为顺拉法打开降落伞包装方式。

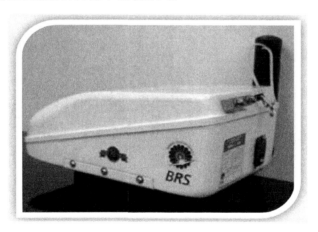

图 6 - 10　顺拉法打开降落伞包装方式

(3)"软"包装方式(伞衣套展开方式——顺拉法)

软包装伞系统之所以得名,是因为降落伞被包装在了一个织物匣中。然而,"软"这个词是相对而言的,因为降落伞仍被压力封包在一个非常坚固的砖状包装袋中。尽管软包装伞系统已经在开放式结构的超轻型飞机和动力三角翼飞机(滑翔机)上使用了多年,但它们还是最适合在舱内使用,以保护伞系统免受大气污染。

优点:与较重的铝筒相比,使用织物匣可减轻 2~3 lb(0.9~1.36 kg)的重量。

缺点:织物匣不密封,易受潮、发霉,受到虫蛀和/或啮齿动物的噬咬而损坏。

包装周期:如果软包装伞系统完全安装在舱内并保护得当,其包装的周期可达 6 年。对于安装在外部暴露于空气中的伞包,其降落伞需要每年进行一次检查并重新包装。

图 6 - 11 所示为"软"包装方式——顺拉法。

（4）"软"包装方式（伞包展开方式——倒拉法）

对于尺寸较大的伞，BRS 更倾向于使用织物伞包而非尼龙伞衣套来开伞。在这种设计中，降落伞伞衣、伞绳和主吊带以 S 形折叠后，封压在一个矩形钢制夹具中。在加热除去多余水分并按照夹具的尺寸成形后，将降落伞组件放入伞袋中，并用锁销固定。然后，用一个固定伞包把伞袋包住，该伞包通过带扣或索环固定在铝框上。如果发生紧急情况需要开伞，则整个带有降落伞的伞袋就会被拉出。

优点：与较重的铝筒相比，使用织物伞包可减轻系统重量。

缺点：由于织物伞包的密封性不佳，其中的组件会受到环境污染的影响，因此只能安装在舱内或保护罩下。

包装周期：安装在舱内的伞系统，应每 6 年进行一次检查并重新包装。安装在外部的伞系统每年都需要重新包装，这种安装方式的后期维护费用可能会相当高。

图 6-12 所示为"软"包装方式——倒拉法。

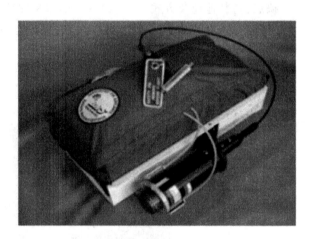

图 6-11 "软"包装方式——顺拉法　　　　图 6-12 "软"包装方式——倒拉法

3. 降落伞系统参数

降落伞系统参数如表 6-1 所列。

表 6-1　降落伞系统参数

降落伞型号　　参　数	BRS-600	BRS-800	1050ASTM	1050DAeC	BRS-1350	BRX-1600	BRX-1800
飞机量大质量/kg	272	363	475	475	612	726	816
最大开伞速度/(km·h^{-1})	222	222	222	276	222	222	282
筒装伞系统质量/kg	10.0	10.4	12.7	12.7	—	—	—
VLS 系统质量/kg	10.4	11.3	13.2	—	15.4		
包装系统质量/kg	8.2	8.6	10.9	10.9	13.2	15.9	16.8
7"筒装伞尺寸（长×直径）(cm)	46×18	55×18	55×18	55×18			

降落伞型号 参 数	BRS-600	BRS-800	1050ASTM	1050DAeC	BRS-1350	BRX-1600	BRX-1800
8″简装伞尺寸 (长×直径)(cm)	—	47×20	47×20	47×20	—	—	—
VLS尺寸 (长×宽×高)(cm)	46×29×19	46×29×19	46×29×19	46×29×19	46×29×19	—	—
软包装尺寸 (长×宽×高)(cm)	25×25×15	30×25×15	33×25×15	33×25×15	41×25×15	51×22×23	51×22×24

6.2 美国西锐公司(Cirrus Design Corporation)

6.2.1 公司概况

西锐飞机设计制造公司(Cirrus Design Corporation)成立于1984年,是单发活塞式飞机的全球领先制造商。公司创始人 Alan 和 DaleKlapmeier 最初只是在威斯康星州的 Baraboo 进行"组装飞机"的设计与生产。他们的第一个飞机项目 VK-30,于1988年首飞成功,这让西锐产生了开发高性能飞机的想法。

1994年,西锐公司开始设计开发SR20——一款单发四座飞机。SR20飞机拥有复合材料结构和先进空气动力学特性,它的平面仪表板、多功能显示器均进行了革新,另外还安装了令人瞩目的保护装置——西锐整机降落伞系统(CAPS),使其安全性得到了大大提升。

Vision SF50 是西锐公司第一架装有整机降落伞的单引擎喷气式飞机,该机型配备的CAPS的开伞方式有别于其他机型,其伞是从飞机机头而非飞机后舱拉出并展开的。2018年,西锐的 Vision SF50 喷气式飞机荣获罗伯特·科利尔奖,该奖项是世界航空航天领域的知名奖项,Vision SF50 能斩获该奖项,与该机安装了 CAPS 系统不无关系。截至2018年12月18日,CAPS的使用次数总计达98次,其中有83次实现了成功开伞。在这些成功开伞的案例中,170名乘员获救,仅有1人死亡。当降落伞在规定的速度和高度参数范围内开伞时,除了一次因异常情况导致的开伞失败外,没有发生任何死亡事故。据报道,随着西锐飞机CAPS使用率的提高,致命事故发生率在稳步减小,曾使用过 CAPS 系统的19架飞机已完成了修复并重新投入使用。

6.2.2 西锐飞机整机降落伞系统(CAPS)

作为西锐飞机标配的安全装置,CAPS系统因具备卓越的性能而成为通航安全领域的一大创新成果。CAPS的面积达 2 400 ft^2(222.97 m^2),工作原理类似于汽车上的安全气囊。飞机一旦在空中出现紧急情况,驾驶员拉出驾驶舱天花板上的红色 CAPS 激活手柄即可启动系统,降落伞伞舱里由固体燃料带动的小火箭会自动从飞机后部射出,并在 2 s 内将降落伞拉出。经过几秒钟后,伞衣即可展开,从而瞬时降低飞机的下降速度,降落伞充气并张满后,整架飞机及其乘员即可在伞系统的作用下安全降至地面。西锐飞机特制的起落架、防滚架和西锐吸能(CEA)座椅在机体的着陆过程中都具有缓冲作用。CAPS 系统适用于飞行中的紧急情况,例如驾驶员失能、空中碰撞、飞机失控、结构故障,以及驾驶员认为有必要启动系统的其他情况等。

图 6 - 13 所示为西锐飞机整机降落伞系统。

图 6 - 13　西锐飞机整机降落伞系统

1. 设计验证

（1）计算机仿真

运用计算机仿真可以更好地了解飞机在 CAPS 展开过程中的状态。经过仿真，工程师对飞机后部连接带的设计进行了调整，在降落伞张满之后，后部连接带才会被拉长。开伞过程中后部连接带长度若较短，可以限制飞机的俯仰，从而使开伞更加顺畅。

（2）空投试验

伞衣强度空投试验对于确定 CAPS 降落伞的最终性能非常重要。在原型 CAPS 降落伞的开伞过程中，西锐使用一架 C123 货机以大约 175 n mile/h(324 km/h)的速度进行了 45 次空投试验。

图 6 - 14 所示为空投试验。

图 6 - 14　空投试验

（3）火箭牵引（拉出）试验

进行牵引试验的目的是为了使降落伞的拉出过程快速而准确。从拉动 CAPS 手柄到降落伞伞绳完全拉直的时间不到 2 s。

图 6 - 15 所示为火箭牵引试验。

图 6 - 15　火箭牵引试验

（4）地面碰撞投放试验

在混凝土地面上进行了机身投放试验。用碰撞试验假人来验证作用于驾驶员和乘员身上的冲击力是否在可接受的范围内。

（5）飞行试验

在 6 个月的时间内进行了大量的飞行中开伞试验，其中包括在旋转、失速和飞行速度高达 133 n mile/h 的状态下开伞。每一具 CAPS 展开之后，试飞员即将其释放并驾机驶离，如此飞机便可用于下一次飞行试验。

图 6 - 16 所示为飞行试验。

图 6 - 16　飞行试验

（6）使 CAPS 实现飞机成功着陆的安全特性

使用 CAPS 着陆时，飞机上的一些安全装置或部件，如 26G 座椅、复合材料起落架（见图 6 - 17）以及具有吸能特性的机身都能起到提高救生成功率的辅助作用。此外，还有一个复合材料制成的防滚架（见图 6 - 18），可加强飞机整体强度并保护乘员。

（7）第五代西锐飞机的 CAPS 系统设计变更

西锐飞机公司将第五代（G5）飞机（见图 6 - 19）的新机身最大总质量增加了 200 lb（90.7 kg），达到了 3 600 lb（1 632 kg）。因为重量的增加，需要对 CAPS 进行重新设计。G5 降落伞的直径较大，为 65 ft（19.8 m），而原型降落伞的直径只有 55 ft（16.7 m）。降落伞尺寸和重量的增大意味着 CAPS 火箭的尺寸也要随之增大。

G5 火箭采用了电子点火装置，同时沿用了熟悉的红色激活手柄。线切割器保险丝的工作时间

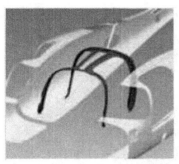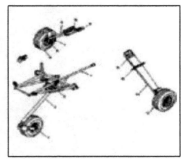

图 6-17　复合材料起落架

图 6-18　复合材料防滚架

延迟至 10 s,因此面积更大的降落伞将会有更多的时间完成充气。通过模拟一架 3 600 lb(1 633 kg)飞机的 G5 降落伞空投试验,计算出了 G5 的验证参数。G5 的验证高度损失为561 ft(170 m)(垂直和水平方向)和 1 081 ft(329 m)(尾旋)。G5 飞机及其降落伞的下降速度比 3 400 lb(1,542 kg)的飞机及其降落伞要慢。研发第五代降落伞时共进行了 70 多次投放试验。

图 6-19　第五代西锐飞机

2. 结　构

CAPS 系统的结构件主要有激活手柄、激活钢索、火箭发动机、降落伞伞舱盖、降落伞和警示牌等,具体说明如下。

(1) 激活手柄

CAPS 激活手柄(见图 6-20)是一个红色阳极氧化处理的 T 形手柄,安装在前排两个座椅之间的座舱天花板的凹槽中。手柄外部有黑色塑料盖,上面附有使用说明,通常情况下塑料盖都处于关闭状态。每次飞行前需要将手柄的保险销取下,飞行结束后首先要将保险销插入。

(2) 激活钢索

激活钢索(见图 6-21)外层有黑色外套,看起来很像自行车上的手闸线。钢索穿过行李舱的后壁与火箭点火器组件相连,外部通过捆扎带和带有警示牌的铝箔胶带粘在飞机机身上,

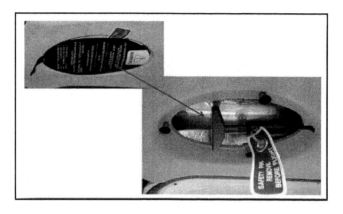

图 6－20 激活手柄

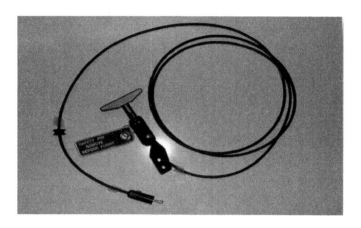

图 6－21 激活钢索

其位置如图 6－22 所示。

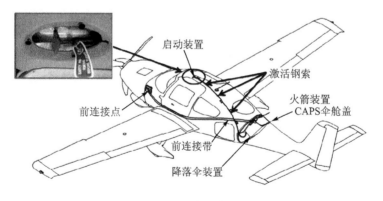

图 6－22 激活钢索的位置

（3）火箭发动机

Cirrus 火箭发动机（见图 6－23）均呈圆柱形，有几种不同的尺寸和颜色，其长度在 7～10 in(17.78～25.4 cm) 范围内，直径为 2～3 in(5.08～7.62 cm)；外壳颜色有红色或黄色两种，这取决于飞机的型号和使用年限。火箭发动机有两种点火方式：一种采用机械式起爆器，另一种采用电子式起爆器。电起爆式的火箭顶部有银色的圆柱形组件，上面有电线从中穿出。

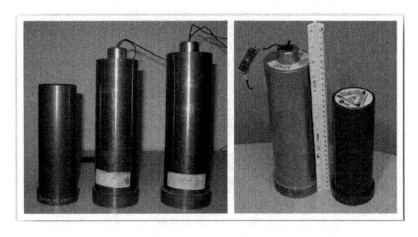

图 6-23　Cirrus 火箭发动机

（4）降落伞伞舱盖

降落伞伞舱盖（见图 6-24）是一块分离式盖板，火箭点火并拉出降落伞时，伞舱盖从飞机上脱落。降落伞伞舱盖的尺寸大约为 14 in×16 in（35.56 cm×40.64 cm）。通常一架功能完好的飞机，其伞舱盖上涂覆有一层漆，用户看不见伞舱盖，堪称"隐身"。伞舱盖位于飞机顶部后窗的后面，飞机两侧各有一块警示牌，标示着伞舱盖的位置。

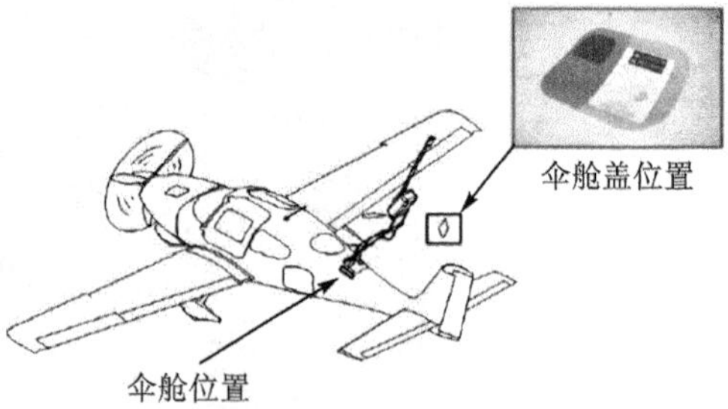

图 6-24　降落伞伞舱盖

（5）降落伞

CAPS 使用的降落伞主吊带和连接带由凯夫拉制成，其中最大的额定负载为 20 000 lb（9 071.85 kg）或更大。降落伞被包装到伞衣套（或伞包）中，伞衣套（或伞包）则存放在位于飞机驾驶舱/行李区后壁后面的降落伞伞舱中。降落伞和飞机的连接带嵌在储存槽道中。该槽道路径较长，从伞舱盖后方沿飞机两侧和舱门下方一直通到位于飞机发动机防火墙附近的前部连接点处（参见图 6-25 中**加粗**部分）。火箭点火后，降落伞伞舱盖脱离飞机，降落伞连同伞包被拉出飞机伞舱，随后充气并张满，从而实现飞机的稳降。降落伞的颜色为橙白相间，包装后只能看到伞衣套的颜色。伞衣套（或伞包）有多种颜色（红、黑、白、栗色）。降落伞包装完毕后，伞衣套（或伞包）的尺寸大约为 2 ft×1 ft×0.66 ft（0.6 m×0.3 m×0.2 m）。

火箭发动机和降落伞的位置：火箭发动机和降落伞位于行李舱后面（飞机后壁后面）的 CAPS 伞舱中（见图 6-25）。

（6）警示牌

飞机上有许多警示牌，用以防止他人误触可能有安全隐患的部位。降落伞伞舱盖外部两侧各有一个警示牌（见图 6-26（a））。因为伞舱盖经常在事故中脱落，所以其内侧也贴有一个较大的警示牌（见图 6-26（b））。众所周知，在出现应急情况时火箭发动机会与发动机外壳分离，因此其顶部有一个警示牌（见图 6-26（c））。在飞机后壁（毡毯后面）的检修面板上也有一个大警示牌，以防他人接近火箭发动机（见图 6-26（d））。

3. 工作程序

当飞机遇到紧急情况危及乘员生命时，乘员可用手拉动 CAPS 系统的激活手柄，从而启

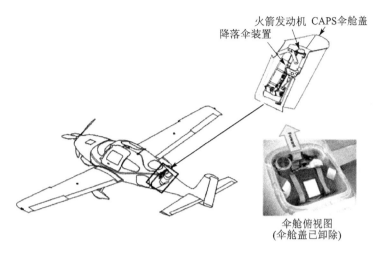

图 6-25　火箭发动机和降落伞的位置

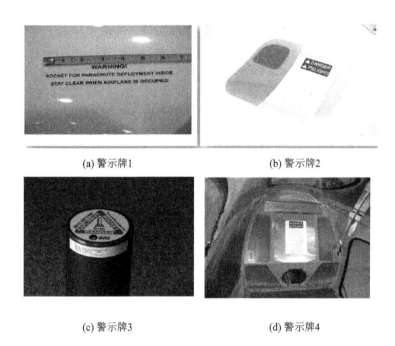

(a) 警示牌1　　　　　　　　　　　(b) 警示牌2

(c) 警示牌3　　　　　　　　　　　(d) 警示牌4

图 6-26　机舱内警示牌

动火箭发动机。火箭射出后会将降落伞迅速拉出,伞衣充气并张满后,整架飞机及其乘员即可在伞系统的作用下安全降至地面。

（1）启动 CAPS

启动 CAPS 系统（见图 6-27）时,驾驶员或乘员需要取下 CAPS 激活手柄盖并拉动驾驶员和副驾驶员之间天花板上的红色激活手柄。首先抬起头,用双手将座舱天花板上的手柄向下拉,这个过程要保持冷静从容的心态。启动系统需要大约 45 lb(约 200 N)的力,系统行程为 2 in(约 5 cm)。

（2）火箭拉出降落伞

当拉动 CAPS 激活手柄时,钢索会击发火箭点火/起爆器并拉脱位于行李舱后面的火箭组件保护盖。火箭将装有降落伞的伞包从飞机上方拉出（见图 6-28）。在与飞机分离之前,伞包可以保护降落伞并确保降落伞有序展开。

图 6-27　启动 CAPS 系统

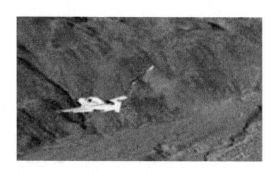

图 6-28　火箭拉出降落伞的伞包

（3）伞绳拉直，伞衣开始充气和降落伞收口

降落伞在充气时，会将前部连接带从机身蒙皮下方拉出。在伞衣充气的起始阶段，倘若飞机有气动减速的情况，初始载荷则会引起飞机的上仰。但飞机上仰有助于减小高度损失。在此过程中，后部连接带不会被拉长，以防止飞机过度旋转。降落伞伞绳上有收口滑布，在空速达到安全值之后，降落伞才会解除收口，完全张满，从而避免产生过大的载荷。

（4）降落伞解除收口

在开伞程序的初始阶段，收口滑布位于伞绳的顶部，靠近伞衣底边。随着充气载荷的增大，收口滑布会沿着伞衣下移，使伞衣完全张满。在充气过程中，飞机的机头由上仰转为低俯。当线切割器开始工作后，后部连接带将逐渐拉直。

（5）制动绳释放和触地

当点火药线切割器保险丝断开时，切割器将切断制动绳，使折叠的后部连接带完全拉直并承载后部载荷。飞机调整为着陆姿态以加强对乘员的保护。飞机在伞衣的作用下将以不到 1 700 ft/min(8.63 m/s) 的速度下降，地面冲击载荷与从 13 ft(约 4 m) 的高度落下产生的载荷相当。飞机的机身、座椅和起落架都具有吸能特性。

图 6-29 所示为降落伞被拉出的过程，表 6-2 所列为 CAPS 降落伞系统的工作过程。

图 6-29　降落伞被拉出的过程

4. 适用情况

西锐整机降落伞系统(CAPS)虽然是遇险飞机的诺亚方舟，但是使用 CAPS 也可能会导致机体损伤（这种情况取决于不利的外部因素，如启动时速度过大、高度过低、地形崎岖或风过大），并可能会导致乘员严重受伤或死亡，因此，用户应谨慎使用 CAPS。同时，驾驶员应当掌握在何种情况下适于启动 CAPS，以及使用 CAPS 的时机和步骤。以下是适用 CAPS 的典型情况。驾驶员对下列情况都应有所了解，以便在别无选择的情况下启动 CAPS 安全着陆。

① 空中对撞：空中对撞可能会损坏飞机的操纵系统或主结构，导致飞机无法飞行。如果发生空中对撞，需立即确定飞机是否可控，结构是否能够保持继续安全飞行和着陆；如果不能，

则应当考虑启动 CAPS。

表 6 - 2　CAPS 降落伞系统的工作过程

序　号	CAPS 工作程序
1	取下激活手柄盖
2	双手下拉激活手柄 启动 CAPS 大约需要 45 lb(200 N)的力。用双手向下拉手柄,直到激活钢索完全拉直
	CAPS 系统展开后
3	切断燃料混合气
4	关闭燃油选择活门
5	关闭燃油泵
6	关闭 Bat - Alt 主开关。 如果时间允许,在关闭 Bat 和 Alt 开关之前需报告紧急情况以及是否启动 CAPS
7	关闭点火开关
8	打开 ELT
9	收紧座椅安全带和背带
10	固定好松散的物品
11	乘员身体呈紧急着陆姿态。 参看乘员日志卡以获知正确的紧急着陆身体姿态
12	飞机完全停止后,快速逆风撤离。 在大风中,降落伞可能会在着陆后灌风并拖拽飞机。所以飞机在着陆时要保持逆风状态

② 结构故障:结构故障可能源于多种情况,如:在以超出飞机结构巡航速度飞行时遇到强阵风,在以超过飞机的机动速度飞行时因疏忽导致全行程操作,或机动飞行时超过设计载荷因数。如果发生结构故障,需立即确定飞机是否可控,其结构是否能够保持继续安全飞行和着陆;如果不能,则应当考虑启动 CAPS。

③ 失去控制:失去控制可能源于多种情况,如:操纵系统失效(操纵连接断开或卡滞);严重的尾流颠簸;严重湍流造成机体倾覆;机体严重结冰;驾驶员因眩晕或慌张引起的迷航,或其他原因导致的驾驶员失去态势感知。如果飞机失去控制,需立即确定飞机是否能恢复工作;如果不能,则应立即启动 CAPS。启动 CAPS 的时候要把握时机,离地高度在 2 000 ft(约610 m)以上时,就应当做出决断。

④ 迫降地形无法保证安全着陆:在发生发动机失效/故障、燃油耗尽、(机体)结构过度结冰等情况下必须进行迫降。但如果迫降地形无法保证安全着陆,如迫降发生在特别崎岖的地区或山区上空、在滑翔距离不足的水面上空、在充满雾气的地面上空或在夜间,则应当考虑启动 CAPS。当机上人员着陆时冒的风险较大,启动 CAPS 是挽救生命的唯一手段时,也应考虑启动 CAPS。

⑤ 驾驶员失能:驾驶员失能的原因很多,包括驾驶员身体状况不佳、撞鸟后驾驶员受伤等。若发生此类情况时,机上乘客无法较好地完成安全着陆,则应当考虑启动 CAPS。飞行前应当告知机上乘客可能会发生此种情况,简要说明 CAPS 的操作步骤,使其能在必要时有效

启动 CAPS。

图 6-30 所示为西锐飞机致命事故原因占比。

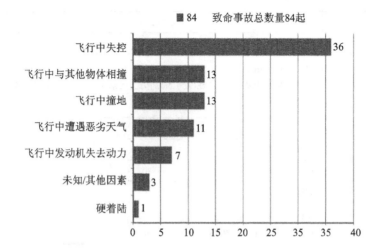

图 6-30 西锐飞机致命事故原因占比

5. 使用条件

启动速度:若在较高的速度下开伞,作用在飞机和降落伞上的载荷可能会过大,从而造成飞机结构故障。决定使用 CAPS 时,首先要尽力将空速降至最低。经验证,CAPS 的最大开伞速度为 133 n mile/h(246 km/h)。但是,如果时间和高度都已不足或飞机即将触地,则无论空速如何,都应启动 CAPS。

启动高度:由于 CAPS 每一次启动过程中的实际高度损失都取决于飞机的空速、高度和启动时的姿态,以及其他环境因素,因此并未设定启动 CAPS 的最低高度。不过,无论如何 CAPS 开伞的成功率都会随着高度的上升而增大。经验证,从飞机进入尾旋第一圈直至降落伞稳定拉住飞机为止,高度损失为 920 ft(280 m)——此高度可以作为参考准则。在平飞状态下启动 CAPS 的验证高度损失在 400 ft(122 m)以内。基于以上数据,最好将启动 CAPS 的决断高度定在离地高度(AGL)2 000 ft(609.6 m)。高度在 2 000 ft(609.6 m)以上时,通常有充足的时间对飞机的紧急情况进行系统评估并加以处理。高度若不足 2 000 ft(609.6 m),必须立即做出启动 CAPS 的决定,从而尽可能提高 CAPS 的开伞成功率。无论高度如何,一旦确认只能使用 CAPS 来挽救飞机乘员生命而别无他法时,切勿迟疑,立即启动本系统。

启动姿态:在 $V_{SO} \sim V_A$ 速度范围内对 CAPS 进行了全襟翼形态下的启动测试。大多数 CAPS 启动试验都是在平飞姿态下完成的,另外,还对尾旋状态下开伞进行了测试。从这些试验中发现,只要火箭能将降落伞顺利拉出,即可成功回收飞机,使之悬于降落伞下以水平姿态稳降。但是,为了尽量降低降落伞发生缠绕的可能性,减小飞机在降落伞下的摆动,应尽可能在机翼水平、机身竖直的姿态下启动 CAPS。

图 6-31 所示为 CAPS 启动试验。

6. 考虑着陆条件

CAPS 启动后,如果水平速度与地面风速相当,飞机将会以低于 1 500 ft/min(7.62 m/s)的速度下降。在 CAPS 的作用下,飞机着陆触地时的冲击力相当于从约 10 ft(3.05 m)高度触地的冲击力。尽管机体、座椅和起落架的设计都能承受住这一冲击力,但机上乘员仍必须为着陆做好准备。一旦要使用 CAPS 开伞着陆,当务之急就是要为机上乘员做好触地的防护准

图 6 - 31　CAPS 启动试验

备,尽可能不让他们受伤。

(1) 应急着陆时的身体姿势

在 CAPS 处于展开状态使飞机着陆时,其先决条件就是保护乘员,避免受伤,特别是背部。座椅坐垫内有铝制蜂窝芯,受到冲击时会被压碎以吸收向下的载荷,从而保护脊柱免受压迫性损伤。触地时若试图打开舱门或固定物品,背部就会产生位移,这会增加背部受伤的概率。触地前,所有乘员都必须将身体调整成应急着陆姿势。触地后,所有乘员应当保持此姿势直至飞机完全停稳。应急着陆时乘员应系紧安全带和肩带,将双手置于膝上,一只手握住另一只手的腕部,其上身要保持竖直状态并紧贴座椅靠背。

(2) 舱门状态

在绝大多数情况下,舱门最好保持锁闭状态。驾驶员应抓紧时间发射应急信号、关闭各系统,并在触地前调整为应急着陆姿势。然而,如果飞机姿态不佳,其单侧舱门甚至双侧可能会出现堵塞或卡滞现象,在这种情况下,驾驶员必须强行打开部分卡滞的舱门,或使用中间扶手盖下的应急逃生锤击碎舱门窗户逃生。若这些动作在触地后才开始执行,势必大大延长离机的时间。为了不延误逃生,驾驶员要根据当时的具体情况决定是否在着陆/水之前打开舱门。做出这个决定之前,需要考虑多种因素,包括着陆时间、高度、地形、风力、飞机状况等。

图 6 - 32 所示为 CAPS 在着陆和着水后启动试验。

图 6 - 32　CAPS 在着陆和着水后启动试验

6.3　捷克 Galaxy 公司

捷克的 Galaxy GRS 公司是欧洲最大的弹道式降落伞救生系统生产商,也是仅次于美国 BRS 公司的全球第二大应急降落伞救生系统生产商。该公司成立于 1984 年 8 月,最初是由米兰·巴布夫卡(Milan Bábovka)和他的几个朋友一起创立的。他们最初生产救生系统时条件有限,当时使用的降落伞(带伞绳的伞衣)基本上都是 Svazarm(军队合作协会)或部队废弃的降落伞。那时的降落伞还未达到最初的设计目标,速度极限也不符合规定,但已经满足了飞行速度达 80 km/h 的动力悬挂滑翔机的要求。1989 年,该公司有了一个更为严格的法律体系作依托,并获得了营业执照。

Galaxy 公司的首批弹道式降落伞救生系统的动力装置借鉴了米格弹射座椅的弹药机构,在此基础上,该系统还必须配备平衡块和吸能器。1989 年之后,该公司已经开始自行生产伞衣,并与 Petr Suchomel 合作生产出了第一批用于单座动力悬挂滑翔机的 GBS-1 系统和用于双座动力悬挂滑翔机的 GBS-2 系统。截止到 1994 年,Galaxy 公司一共生产了 150 套这样的系统。

1992 年,Galaxy 公司的弹道式降落伞系统的研发取得了突破性进展。捷克航空领域的著名设计师 Ing. Matějčka 开始进入 Galaxy 公司工作。他曾是捷克制造的 Albatros L-39 喷气式教练机弹射座椅的设计师。当时,全球在这一技术领域占据主导地位的国家仅有俄罗斯、美国和英国。目前,Galaxy 公司的主要业务就是生产以 Galaxy GRS 为商标的火箭回收系统。该公司生产了 59 种改进型火箭回收系统和 39 种不同类型的降落伞——有用于滑翔和悬挂滑翔运动的投射式降落伞,也有用于超轻型飞机或重达 1 645 kg 的飞机的弹道式回收系统。

该公司的弹道式降落伞系统适用于超轻型、轻型运动飞机,以及无人机和试验飞机,最高时速可达 365 km/h。公司 90% 的产品出口到各大洲,并占领了法国和意大利 80% 的市场,产品根据不同机型做了各种改进且使用方式各异。

图 6-33 所示为 Galaxy 公司的弹道式降落伞救生系统。

图 6-33 Galaxy 公司的弹道式降落伞救生系统

Galaxy 公司并不仅仅致力于高速降落伞的研发,在其长期的试验过程中,还特别注重低空、低速快速开伞这一领域。根据全球统计数据,大多数事故都发生在低空和低速情况下。一旦用户遭遇事故,使用该公司的产品即使在最低飞行高度的情况下,也能得到安全救援。

6.3.1 设计理念

GRS 系统设计新颖,与传统伞衣随着长伞衣套从伞舱中拉出并逐渐充气完全不同。传统设计的伞衣在展开过程中会受到气流的影响而变得扭曲,从而可能会缠绕飞机结构或其零部件。新设计的 GRS 伞衣是直接从飞机上一个短小而紧凑的伞舱中拉出的,伞衣拉出后与飞机相距 15～18 m,具体距离取决于 GRS 的尺寸大小。此时,伞衣和飞机之间的整个悬挂系统被拉直,包装袋上的锁销被释放,伞衣即可直接充气,这大大降低了零部件损坏伞衣的风险。

6.3.2　包装方式

新系列的 GRS 降落伞包装方式与 BRS 降落伞系统的包装方式基本相同,主要采取的是筒装和软包装这两种方式。GRS 降落伞在 305 km/h 的速度下进行了测试,因此安全系数符合通用航空飞机飞行极限 1.5 倍的要求。

6.3.3　操作方法

- 以约 11 kg 的力拉动手柄即可以机械方式启动该系统。双撞针击发点火器,继而点燃火箭发动机内的固体燃料。
- GRS 系统启动后,火箭发动机快速从其壳体中射出,然后将装有降落伞的伞包从飞机上方拉出。
- 降落伞的伞绳可在不到 1 s 的时间内完全拉直,降落伞随即被拉出。
- 火箭发动机继续向前飞行至燃料耗尽,然后在一个小伞的辅助下落回地面。
- 降落伞的主伞衣在距离飞机上方 50～60 ft(15～18 m)处沿射伞方向打开并张满,具体时间(1.5～3.2 s)视伞衣尺寸而定。

因为发动机壳体中的火焰不是向前喷射,而是向后喷射到排气管中,所以射伞过程中产生的后坐力很小,这也是该系统的独到之处。火箭可以朝向任意方向进行方向调节。在飞机结构允许的条件下,最好是朝上或稍微向后倾斜。

Galaxy 公司的弹道式降落伞系统根据不同的飞机类型,主要分为 6 个系列,分别为 GRS 2、GRS 3、GRS 4、GRS 5、GRS 6 和 GBS 10。

其中,GRS 5/560、GRS 6/600 SD 和 GRS 6/650 SD 整机回收系统专为质量分别为 560 kg、600 kg 和 650 kg(1 234 lb、1 322 lb 和 1 433 lb)的动力飞机而设计。这些降落伞通常用于轻型运动飞机(LSA),由火箭驱动、软包装,且无论空速如何,都能在 5 s 内完成开伞,其中 GRS 6/600 系统在离地高度仅为约 82.3 m(270 ft)时也能在 5 s 内开伞。

6.4　捷克 STRATOS 07 公司

捷克 STRATOS 07 公司的创立最早可以追溯到 1975 年,当时该公司的所有人约瑟夫·斯特拉卡(Josef Straka)正在捷克斯洛伐克组建空中飞人公司,并开始为捷克飞行员制造悬挂滑翔机和安全带。飞行员们最初进行悬挂滑翔运动时,其飞行器并没有配备应急救援降落伞。后来,为了安全起见,便将部队盈余或废弃的军用降落伞加以改装使用。在这种情况下,约瑟夫·斯特拉卡萌生了在救援降落伞这一领域创办公司的想法。

1989 年,捷克斯洛伐克的"天鹅绒革命"之后,约瑟夫·斯特拉卡开始生产各种降落伞、飞机螺旋桨和超轻型飞机。1990 年,约瑟夫·斯特拉卡与德国 Junkers 公司建立了合作关系,开发一种先进的整机弹道式降落伞救生系统。

捷克弹道专家们在冷战期间为苏联设计过军用弹道降落伞,因此在这一方面具有丰富的经验,他们提供了不少轻型飞机新型降落伞系统设计方面的知识。

1996 年,合伙企业进行了重组,新公司 STRATOS 07 成立。STRATOS 07 公司继续为各种超轻型、轻型运动和实验飞机制造、开发和测试弹道式降落伞系统,并且从那时起,该公司越来越专注于生产火箭推进器。

6.4.1　Magnum 降落伞救生系统

　　STRATOS 07 公司目前的主营业务是生产 Magnum 降落伞救生系统。该公司旗下的 Magnum 450 SSP 系统作为最具典型的一款产品,于 1999 年获得德国(DULV)认证,这一事件成为了该公司产品研发史上的里程碑。

　　Magnum 450 SSP 系统的质量为 450 kg,最大开伞速度为 260 km/h,其技术指标是当时世界上同类产品无可比拟的。随后,民航局授权向其颁发了 LAA ČR(捷克共和国)型号合格证,使其成为获得认证的型号产品。随着科技的不断发展,STRATOS 07 公司又设计研发出了一批新的救生系统并进行了测试,以满足不同飞行速度以及质量越来越大的飞机的要求。世界闻名的畅销产品以 Magnum 501(最大质量为 475 kg、速度为 300 km/h)和 Magnum 601(最大质量为 759 kg、速度为 320 km/h)最具有代表性。

　　同时,该公司还在继续研发能承载质量在 1 t 以上的飞行器的救生系统(带一个伞衣),即 1 200 kg 级的救生系统 Magnum 1201 和 1 400 kg 级的救生系统 Magnum 1401。Magnum 1401 系统是该公司新近获得认证的产品,能承载的飞机质量为 950 kg,速度为 320 km/h。

6.4.2　Magnum 降落伞救生系统技术参数

　　Galaxy 公司的弹道式降落伞救生系统技术参数如表 6-3 所列。

表 6-3　Galaxy 公司的弹道式降落伞救生系统技术参数

参　数 ＼ 系统型号	单　位	450 SSP	501	601
最大容许载荷	kg	500	475	760
最大速度	km/h	210	300	320
系统重量(含火箭)	kg	11	9.2	12.4
尺寸(长×宽×高)	mm	280×160×410	240×190×350 280×160×385 410×170×240	245×195×430 250×170×490 200×195×510
最大速度下的开伞时间	s	3	3	3
最大负载时的最大开伞载荷	kN	25.5	25.6	30
最大负载时的下降速度	m/s	7.2	7.3	7
收口滑布		有	有	有
包装方式		织物袋	织物袋	织物袋
伞　衣				
面积	m²	102	86	130
包装周期	年	6	6	6
弹道装置				
火箭型号		Magnum 450	Magnum 450	Magnum 600
机械式双点火装置				
20 ℃时的总冲量	kN·s	0.303	0.303	0.464
20 ℃时的燃烧时间	s	0.57±0.03	0.57±0.03	0.85±0.03

图 6 - 34 所示为 Galaxy 公司的弹道式降落伞救生系统的救生过程。

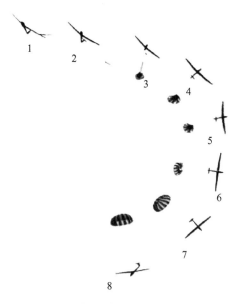

图 6 - 34　Galaxy 公司的弹道式降落伞救生系统的救生过程

6.4.3　包装方式

新系列的 Magnum 降落伞包装方式主要有筒装(见图 6 - 35)、箱装(见图 6 - 36)和软包装(见图 6 - 37)这三种方式,与 BRS 降落伞系统的包装方式基本相同。

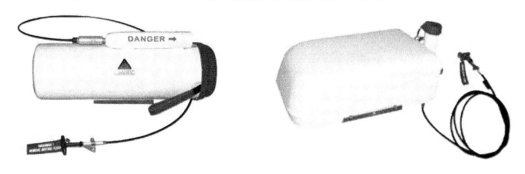

图 6 - 35　硬铝筒　　　　　　　　　　　　　　图 6 - 36　玻璃纤维箱

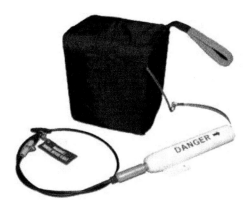

图 6 - 37　软包装

6.5 乌克兰 MVEN 公司

乌克兰 MVEN 有限责任公司成立于 1990 年。该公司是苏联科学和技术领域小型企业发展基金会(Bortnik Fund)建立的 27 个创新技术中心之一。

2010 年,MVEN 公司的质量管理体系获得了认证,符合 GOST RISO 9001—2008 的要求。2013 年 4 月 26 日,该公司获得了俄罗斯工商部颁发的许可证,用于航空设备的开发、生产、试验和维修。

MVEN 公司是苏联第一家也是唯一一家生产飞机高速弹道式降落伞系统(BPS)的企业,公司产品旨在用于飞机机组人员和乘客的应急救援。该公司研发了十多种类型的飞机回收系统,飞机质量范围为 100~2 500 kg,飞行速度范围为 50~450 km/h。降落伞系统的总销售量已超过 1 000 套。出口国家包括俄罗斯、哈萨克斯坦、德国、意大利、委内瑞拉、美国、南非、阿联酋、波兰、匈牙利、澳大利亚、摩尔多瓦等。

该公司的主营业务包括以下三个方面:

① 设计和生产用于轻型飞机或质量达 3.5 t 的重型飞行器的整机降落伞救生系统。

② 开发和生产不同用途的降落伞系统。

③ 开发和生产高分子复合材料(PCM)以及由 PCM 制成的轻型飞机。

6.5.1 MVEN 降落伞救生系统

MVEN 公司的降落伞救生系统(Parachute Rescue Systems,PRS)(见图 6 - 38)已经成为 LSA 的一个标配组件,并且已经有关于通过使用 PRS 挽救生命的统计数据。

图 6 - 38 MVEN 公司的降落伞救生系统

PRS 系统中有两个型号——Cobra - 500 和 Rada - 500 获得了德国的认证。其中,Rada - 500 适用于质量不超过 500 kg 的滑翔机和其他飞行器,满足德国航空俱乐部关于超轻型飞机和悬挂滑翔机降落伞救生系统的技术要求,以及德国空中交管部门关于滑翔机和动力滑翔机降落伞救生系统的附加要求。

MVEN 公司 PRS 的特点是通过使用强制开伞加速装置来缩短降落伞系统的开伞时间,该系统设计受专利保护。与国际市场上他国公司生产的系统相比,MVEN 的产品在价格和可靠性方面具有竞争力,并且 MVEN 公司的救生系统能承载质量在 1 500 kg 以上的飞机,此性能在世界范围内算得上是一流的。在 20 多个案例中,降落伞救生系统挽救了 30 多人的生命,被成功挽救的飞机也仍在继续使用。

6.5.2　MVEN 降落伞救生系统技术参数

图 6 - 39 所示为 Cobra 500 降落伞系统技术参数，图 6 - 40 所示为 Rada 500 降落伞系统技术参数。

Cobra 500	
飞机最大质量/kg	500
最大使用速度/(km · h⁻¹)	160
使用高度范围/m	40~4 000
系统质量/kg	11
外形尺寸(mm)	505×250×222
降落伞下降速度/(m · s⁻¹)	小于7.3
伞衣面积/m²	95
强制开伞加速装置	机械式启动

图 6 - 39　Cobra 500 降落伞系统技术参数

Rada 500	
飞机最大质量/kg	500
最大使用速度/(km · h⁻¹)	270
使用高度范围/m	40~4 000
系统质量/kg	17
外形尺寸(mm)	563×422×218
降落伞下降速度/(m · s⁻¹)	小于6.0
伞衣面积/m²	130
强制开伞加速装置	机械式启动

图 6 - 40　Rada 500 降落伞系统技术参数

6.6　结束语

随着通用航空业的迅速发展，对通用航空安全的研究会越来越多，飞机整机回收技术作为通航领域的一项领先安全救生技术，能有效地促进轻型飞机在通用航空市场中的发展。全球约有通用飞机 32 万架，其中 57% 为轻型飞机，占比较大。虽然中国通用航空市场与世界平均水平有着较大差距，而且发展不健全，但这却表明了轻型飞机在中国通用航空市场上有着很大的发展潜力。飞机整机应急回收系统的应用不仅有利于增强飞行人员对飞行安全的信心，而且还会促进轻型飞机的销售，创造巨大的社会经济效益。欧美国家的轻型飞机正是因为配备了整机降落伞系统，为其出口并获得良好的国际市场占有率起到了积极的"催化剂"作用。对于正处在通航发展快车道的中国通航产业，欧美发达国家在轻型飞机安全回收技术方面的经验无疑是值得我们学习和探究的。未来，倘若我国自产的轻型飞机配备了可靠的救生装置来保证飞机的安全性，一定能赢得更多客户的青睐并提升其业内竞争力。

参考文献

[1] 飞机应急离机系统通用规范：GJB 4049—2000,2000.

[2] 李锐.К－36Д－3.5弹射座椅工作模式的探索.中航救生,2004,26(3):1-6.

[3] 李锐.国外第四代弹射救生技术的发展.中航救生,2005,31(4):6-10.

[4] Burmeister G J,Fritchman B M. Hardwaore in-the-Loop Testing of the GREST Ejection Seat Control System. Proceeding of the 31st SAFE Annual Symposium,1993:181-186.

[5] Col Akio Shigematsu. ACES Ⅱ Ejection Seat Cooperative Modification Project Development of Limb Restraint Systen and Accommodation Expanding Equipment. SAFE Association 41st Annual symposium,2003.

[6] Tim Moore,John L Hampton. ACES Ⅱ Ejection Seat Leg Well Mounted Leg Restrait Sys-tem. SAFE Association Annual Symposium,2003.

[7] Sugjoon Yoon S. A Study on Optimal Switching Angles in Dual-Euler Method. AIAA-2002-4606,2002.

[8] Schwartz Joshua A,Woolsey James P,Nelson J Richard,et al. Analsis of Incidents of Crew Ejection from Selected U. S. Tactical Fighter Aircraft. ADA372970, 2002.

[9] 于海鹰.卡-50直升机机载设备综述. 直升机技术,2001(3):10-13.

[10] 王永生,刘红.机载头盔瞄准显示系统的人机工效综述.电光与控制,2014(4).

[11] Paar J. A Method To Develop Neck Injury Criteria To Aid Design And Test Of Escape Systems Incorporating Helmet Mounted Displays. Doctoral Dissertation,Air Force Institute of Technology. Dayton,OH,2014.

[12] Satava S. Neck Injury Criteria Development for Use in System Level Ejection Testing:Characterization of ATD to Human Response Correlation Under G_y Accelerative Input. Master's Thesis,Air Force Institute of Techology. Dayton,OH, 2017.

[13] Zinck C. Neck injury criteria development for use in system level ejection testing:Characterization of ATD to Human response correlation under-G_x accelerative input. Master's Thesis,Air Force Institute of Techology. Dayton,OH, 2016.

[14] Berry J. Characterization of ATD and Human Responses to -G, Accelerative Input Master's Thesis,Air Force Institute of Techology. Dayton,OH, 2018.

[15] 封文春,周卫国,关焕文.整体座舱弹射救生技术分析.飞机工程,2008,92(3):30-35.

[16] 杨峰,陈丽华.К-36Д-3.5弹射座椅初窥. 中国航空救生研究所信息中心,2002, 4.

[17] Thomason F Terry. Grew Escape Technology on the Threshold of Operational Use. Proceeding of the 40th SAFE Annual Symposium,2002.

[18] 封文春,朱永峰,林贵平.轰炸机多乘员救生技术探讨.飞机工程,2009(4):25-28.

[19] Michael A Kaye. Cost as An Indipendent Variable(CAIV) Principles Implementation. AIAA-1999-4411, 1999.

[20] 直升机抗坠毁座椅通用规范:GJB 3838—1999,1999.